中式米食保證班

Thr Class of Guarantee

黃皇博◆著

作者簡介

黃皇博　Huang, Huang-Po

- 美國 Pontifical Catholic University 教育管理博士班研究生
- 國立高雄餐旅學院　畢業
- 台南市觀光協會特聘餐飲技術講師
- 中華一番餐飲創業投資管理顧問公司台灣暨中國地區總監
- 中國大陸四川省＆江西省洪城學院國家職業技能鑑定考評老師

證照　中華民國／米食、麵食、中餐、烘焙、調酒技術士
中華人民共和國／中式烹調、西式烹調、西式麵點、中式麵點師高級技能技師證照

著作　《中式麵食保證班》橘子出版有限公司
《菜市場的點心在家自己做》旗林文化有限公司
《高職餐飲管理 I 、II 冊教科書》復文書局
《高職西式點心製作 I 、II 冊教科書》 復文書局
《烘焙食品技能檢定實用寶典》讀書人圖書
《調酒高手技能檢定實用寶典》復文書局
《烘焙高手技能檢定實用寶典》復文書局
《實用食品製造講義》復文書局
《精編食品製造講義》復文書局
《餐飲實務（升四技二專餐旅類）總複習》復文書局

http://www.china1cook.com.tw
E-mail: hhp520@yahoo.com.tw

自序

我國自古以來都是以農立國，由於幅員廣闊，因此南北氣候的分野極大，以致於在農產物的耕作上也有很大的不同，所以在飲食習慣上逐漸形成了「南方食米」、「北方食麵」的特色。而所謂的點心一詞原為「稍吃」之意，並在融入當地的地方特色時可以稱作「小吃」，於是在每個地方發展出的中式米食與中式麵食等傳統之食品，我們統稱為「中式點心」。有鑑於中點在臺灣的發展已日趨成熟，以及行政院勞工委員會為響應政府配合政策來推動證照制度，而舉辦的中式米食加工與中式麵食加工丙級技術士技能檢定考試，將針對從事早點、宵夜、豆漿店、早餐店、小吃店、麵店、餃子館、傳統市場等從業人員要求其必需擁有上述的證照，以達到飲食衛生安全與純熟技術方面之要求。然而，目前在市面上卻尚無此類專業的書籍來引導本行業者正確地報考這兩類組，而不致於誤報考了其他諸如中餐烹調、烘焙食品等類組，於是筆者以在中點業界多年的工作經驗和理論的教學經驗為基礎特別來編寫本書，而有了這兩本《中式米食保證班》與《中式麵食保證班》的出版上市，以饗讀者們來學習中式點心的製作。在內容當中，以圖文並茂與淺學易懂的方法使一般家庭主婦和業者們皆能清楚地瞭解其製作要領而避免產生失敗，尤其在目前經濟不景氣且高失業率的年代之中，或許本書可給予想自行創業或搶救貧窮大作戰的有志者有很大的受惠和幫助。最後，我要感謝我的母校——國立高雄餐旅學院的師長們在本書編寫過程中給予相當大的協助和指導，由於付梓在即，難免有所疏漏之處，尚祈業界各位先進賢達不吝來函賜教，請您至網址http://www.china1cook.com.tw或E-mail:hhp520@yahoo.com.tw與我連絡，筆者則不盡感激。在此祝福大家皆能金榜題名，萬事如意，並都能成為一個快樂的「中點人」！

作者　黃皇博

謹誌於台南・府城

目錄

A 米粒類項—飯粒型

B 米粒類項－粥品型

C 漿（粿）粉類項－米漿型

D 漿（粿）粉類項－一般漿糰型

INDEX

試題報告表

附錄

中式米食加工製作材料

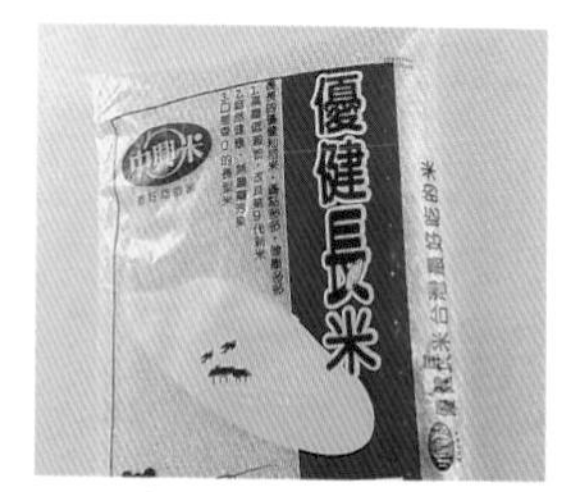

蓬萊米

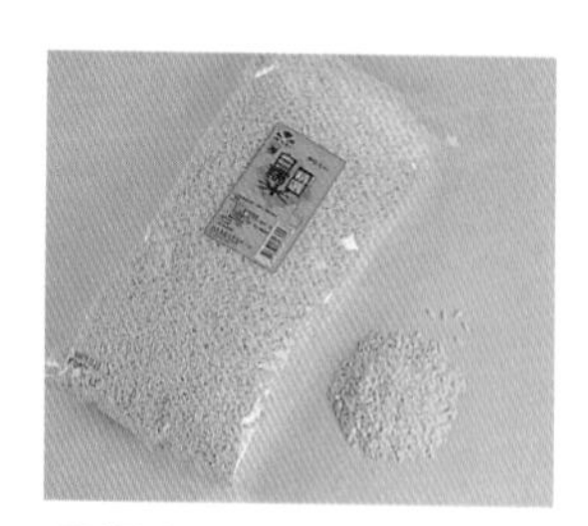

長糯米

圓糯米

紅蔥頭

香菇

蝦米

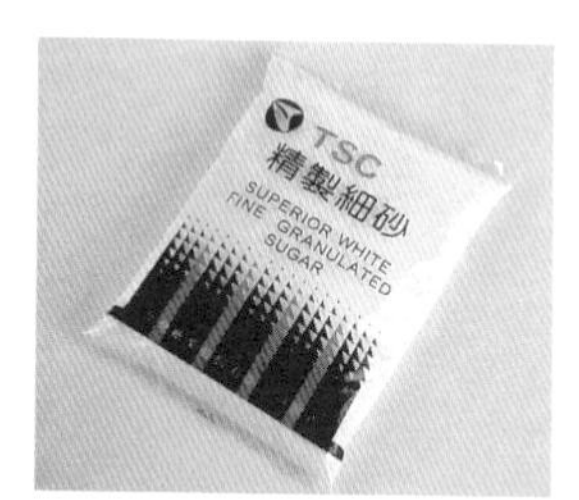

細砂糖

味精

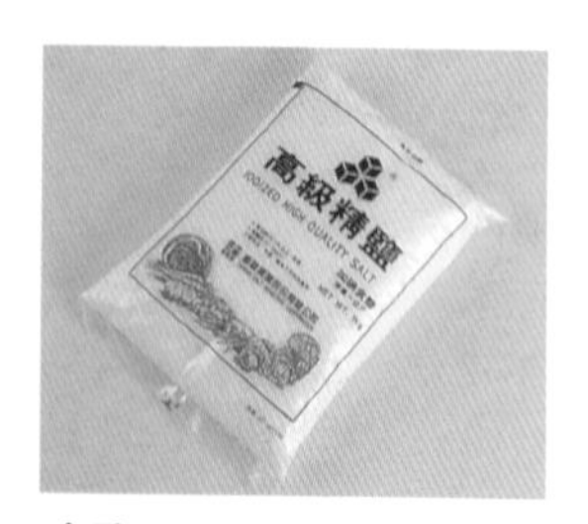

食鹽

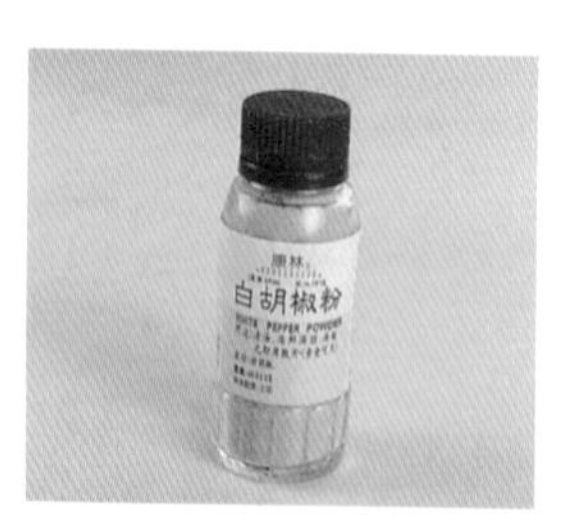

胡椒粉

五香粉

豬大骨

沙拉油

香油

醬油

米酒

中式米食加工製作材料

豬油

豬板油

豬五花肉

豬瘦肉

豬絞肉

皮蛋

鹹蛋黃

腐竹

嫩薑絲

白蘿蔔

紅蘿蔔

芋頭

芹菜

碎蘿蔔乾

乾魷魚

蝦仁

中式米食加工製作材料

花枝

蛤蜊

生蚵

甘納豆

金桔餅

葡萄乾

紅棗

黑棗

鳳梨片

蓮子

紅櫻桃

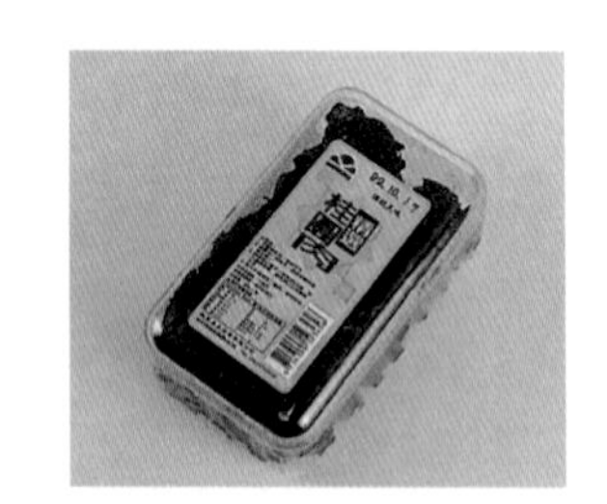

桂圓肉

紅豆

綠豆

生花生仁

薏仁

中式米食加工製作材料

燕麥片

低筋麵粉

在來米粉

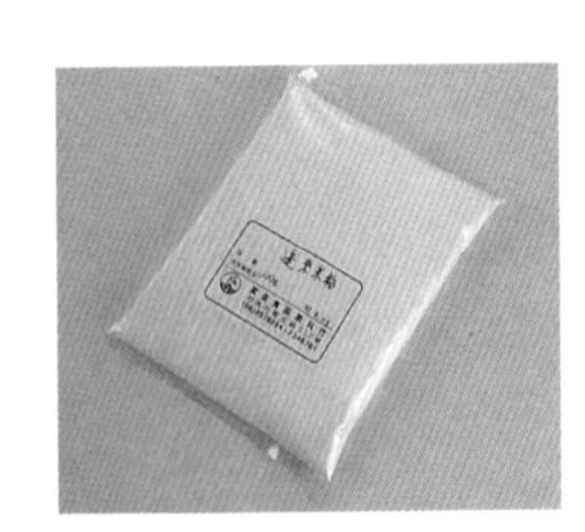
蓬萊米粉

糯米粉

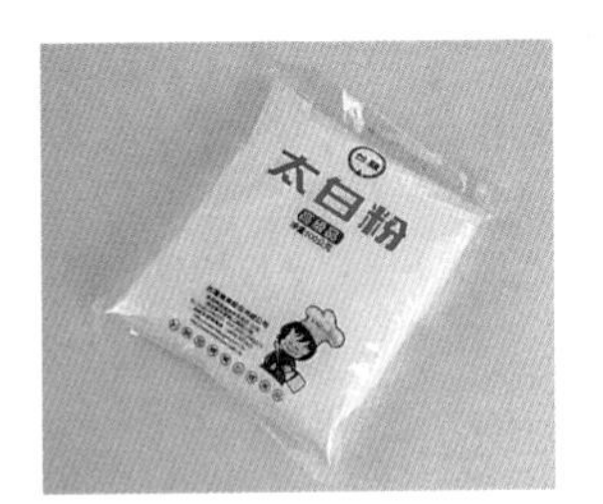

太白粉

番薯粉

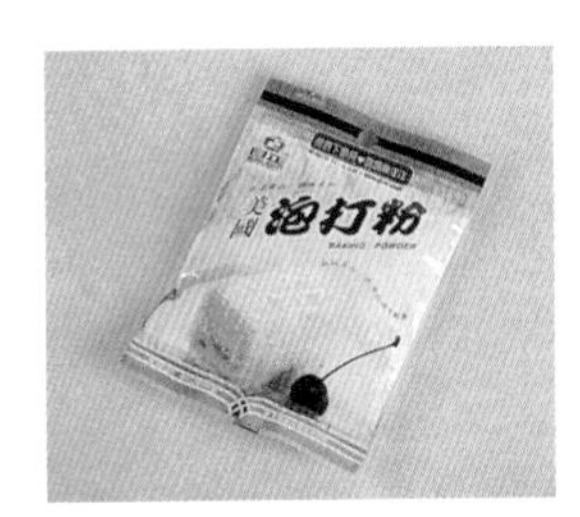

發粉（泡打粉）

麥芽糖漿

糖漿（水）

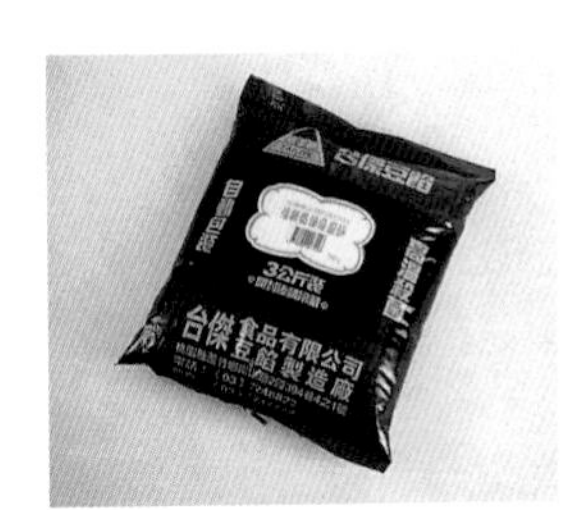

紅豆沙

黑芝麻粉

豬腸衣

粽葉、棉線

糕仔粉

食用紅色素

INGREDIENTS

白米飯

米粒類—飯粒型 095-305A

說　　明

一、以白米為原料，蒸煮成白米飯。
二、需使用瓦斯炊飯鍋。

題　　目

1. 以白米 500 公克，製作白米飯一份。
2. 以白米 550 公克，製作白米飯一份。
3. 以白米 600 公克，製作白米飯一份。

【大師語錄】

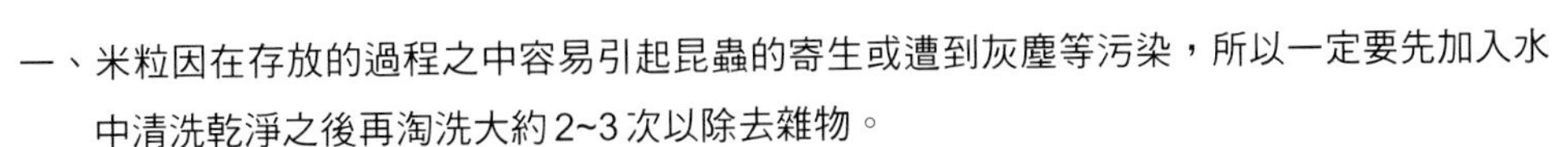

一、米粒因在存放的過程之中容易引起昆蟲的寄生或遭到灰塵等污染，所以一定要先加入水中清洗乾淨之後再淘洗大約 2~3 次以除去雜物。

二、淘洗乾淨完之後的米直接放入瓦斯炊飯鍋的內鍋中，再浸泡約 30 分鐘就可以開始炊飯了，在浸泡米的水中可加入少許的沙拉油，使煮出來的白米飯光亮具有光澤之外，米粒也較為鬆散而較不會黏在一起成一糰。

三、瓦斯炊飯鍋上的火力調節鈕要先轉至在時鐘 45 分的位置上，此位置上的瓦斯釋出量是最恰當的，瓦斯的釋出量太大時則容易引起氣爆的危險，若太小則無法點燃，所以大約是要轉到 45 分的位置時是為最佳的點燃狀態。

四、在壓下點火鍵之後，不要馬上壓下炊飯鍵，因有時會沒有點順暢完全燃起，所以，要從外鍋的小孔朝內察看是否有燃燒火焰，若無點燃火時，可再試點幾次直至點燃為止。

五、點燃之後因火力較強，如稍不小心就會將米飯煮焦，所以當調至 45 分位置點燃了火之後，要立刻將調整鈕轉至 55 分的位置上，此位置屬於小火才不致於煮焦並同時壓下炊飯鍵，煮至約 20~25 分鐘等熟了時炊飯鍵會自動跳起來，此時再把火力調整鈕及瓦斯開關關掉，計時燜飯 10 分鐘之後即可打開鍋蓋，待稍冷卻後舀取出。

DESCRIPTION　　SUBJECT

白米飯製作配方表

095-301A
米粒類—飯粒型

原　料　名　稱	百分比（%）	1份（g）	1份（g）	1份（g）
蓬來米	100	500	550	600
水	120	600	660	720
合計	220	1100	1210	1320

計算

1. 500 ÷ 100 = 5
   5 × 各項原料% = 各項原料重量
2. 550 ÷ 100 = 5.5
   5.5 × 各項原料% = 各項原料重量
3. 600 ÷ 100 = 6
   6 × 各項原料% = 各項原料重量

PS: 100 為蓬來米原料之百分比（%）

製成率

$$製成率 = \frac{成品總淨重（熟）}{原料總淨重（生）} \times 100\%$$

製作步驟

蓬萊米放入鋼盆中，加入清水用手輕輕的淘洗。

反覆的洗淨約 2～3 次，將洗米水用篩網濾乾淨。

倒入瓦斯炊飯鍋的內鍋之中，加入配方中的水量浸泡約30分鐘。

將固定栓鈕從鍋緣旁旋轉入內，使壓緊內鍋蓋之正上方。

再把瓦斯炊飯鍋的外鍋蓋子蓋上使緊密。

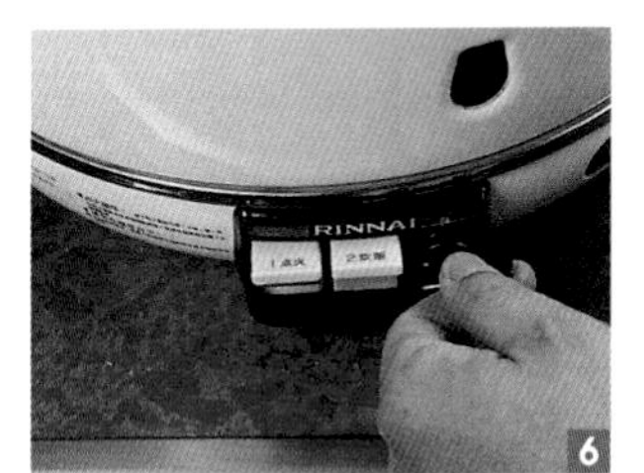

將瓦斯火力調節鈕轉至如時鐘 45 分的位置上。

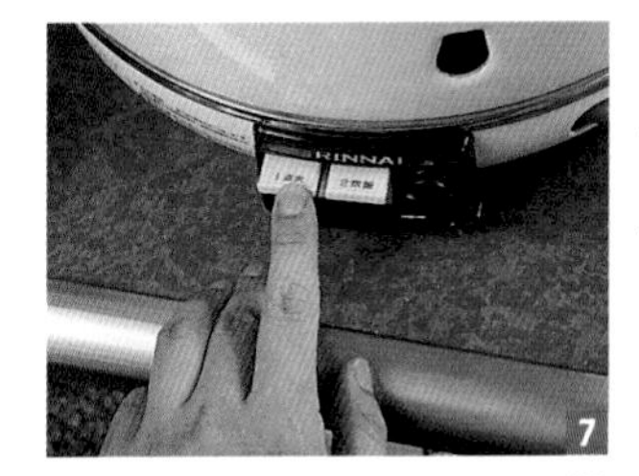

先壓下點火鍵至從外孔往內可看見瓦斯已點燃之狀態。

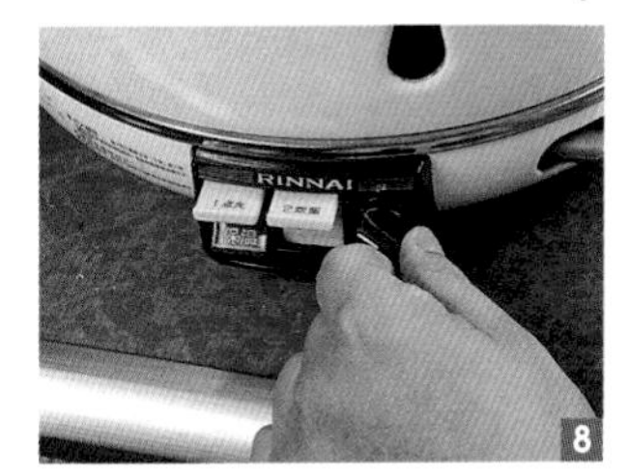

再把火力調節鈕調轉至如時鐘 55 分的位置上。

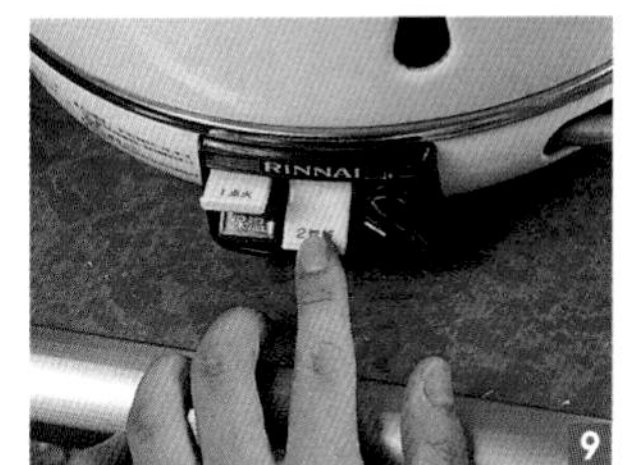

接著繼續將炊飯鍵壓下到底。

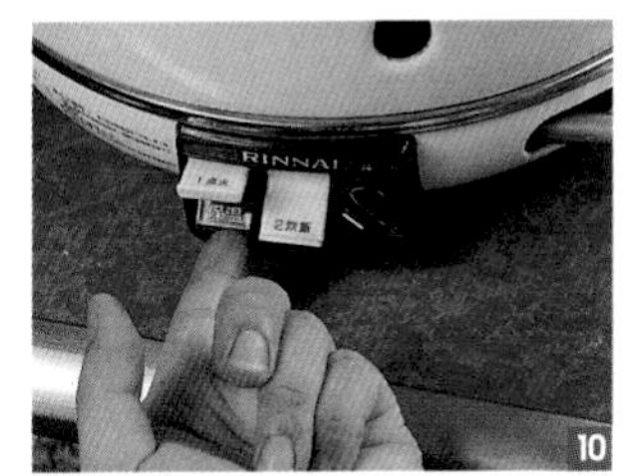

最後再把保溫鍵扳起，待煮至炊飯鍵跳起時，再燜一會兒即可。

說明　　題目

油飯

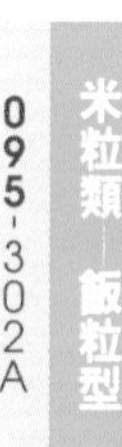

說明

以長糯米為原料，配合魷魚、蝦米、香菇、五花肉等副原料及調味料，經蒸熟之成品。

題目

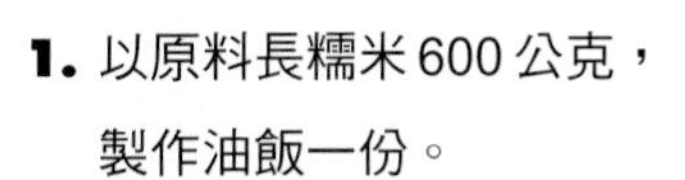

1. 以原料長糯米600公克，製作油飯一份。
2. 以原料長糯米650公克，製作油飯一份。
3. 以原料長糯米700公克，製作油飯一份。

【大師語錄】

一、長糯米淘洗大約要3~5次，必須將雜物去除之後再加入清水浸泡大約1小時。

二、紗布要事先清洗乾淨之後才能鋪放在蒸籠內，否則髒污會黏在米粒上而不衛生。

三、長糯米一定要蒸至用手指可輕輕掐斷之程度才算熟透。

四、炒油飯在起油鍋前必須要把炒鍋中的水份，先開小火烘乾蒸發掉之後再倒入沙拉油以免引起油爆的現象。

五、醬油加入炒料中主要是調整油飯的顏色之用，若顏色太深時可加入少許的水來稀釋調淡。

DESCRIPTION　　SUBJECT

油飯製作配方表

095-302A
米粒類—飯粒型

原料名稱	百分比（%）	1份（g）	1份（g）	1份（g）
長糯米	100	600	650	700
五花肉	9	54	58.5	63
香菇	2	12	13	14
蝦米	2	12	13	14
魷魚	3	18	19.5	21
豬油	10	60	65	70
紅蔥頭	10	60	65	70
水	60	360	390	420
醬油	6	36	39	42
食鹽	2	12	13	14
味精	1	6	6.5	7
細砂糖	2	12	13	14
合計	207	1242	1345.5	1449

計算

1. 600 ÷ 100 = 6.0
   6.0 ×各項原料%＝各項原料重量
2. 650 ÷ 100 = 6.5
   6.5 ×各項原料%＝各項原料重量
3. 700 ÷ 100 = 7.0
   7.0 ×各項原料%＝各項原料重量

PS: 100為長糯米原料之百分比（%）

製成率

$$製成率 = \frac{成品總淨重（熟）}{原料總淨重（生）} \times 100\%$$

製作步驟

長糯米先淘洗乾淨之後再浸泡於水中約 1 小時。

將米倒入蒸籠內已鋪好的紗布上之後，在表面噴些少許的水。

用大火蒸約 20~25 分鐘直至米粒完全熟透。

將所有的餡料與調味料準備好放於桌上。

起油鍋先爆香蝦米和香菇。

再加入切碎的紅蔥頭、魷魚、五花肉與調味料。

將已蒸熟的糯米加入鍋中與餡料拌炒。

加入醬油調味並調色，拌炒至完全混合均勻。

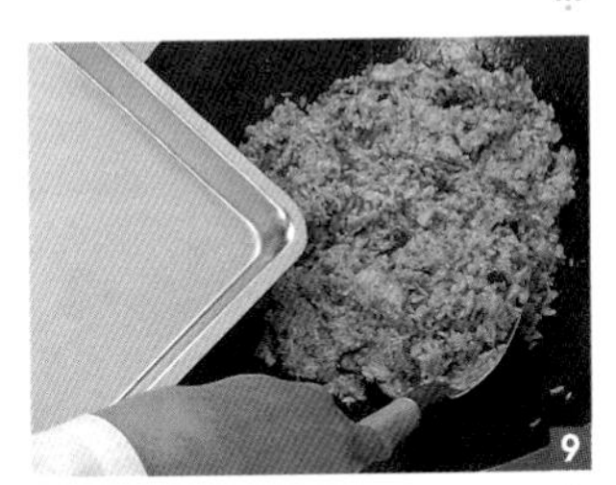

用鍋鏟把已炒好的油飯盛入不鏽鋼盤內。

將成品置於桌上，待稍涼後趁尚有溫熱時端出。

米粒類—飯粒型

095-303A

筒仔米糕

說明　　**題目**

以圓糯米為主原料，配合香菇、絞碎豬肉、調味料等，用筒狀容器盛裝，經蒸熟之成品。

1. 以圓糯米420公克，製作筒仔米糕7個，反扣出放入容器。
2. 以圓糯米480公克，製作筒仔米糕8個，反扣出放入容器。
3. 以圓糯米540公克，製作筒仔米糕9個，反扣出放入容器。

備註：以生產工廠設備應考時，製作數量按設備需求配合，但不可低於本表所列數量。

【大師語錄】

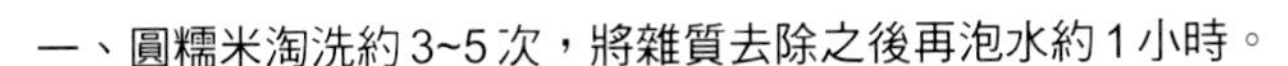

一、圓糯米淘洗約3~5次，將雜質去除之後再泡水約1小時。

二、起油鍋時一定要使用熱鍋冷油才不會使加入的餡料立刻炒焦。

三、醬油必須要慢慢的分次倒入炒料之中，以調整糯米飯的顏色和風味，最好不要一次全部加入以免顏色上色太深。

四、已炒熟當作鋪底之餡料在用手抓取時，記得要戴上衛生手套或使用湯匙舀取。

五、拌炒均勻的糯米飯用湯匙挖取入模中時一定要壓緊，以免回蒸後在倒扣脫模時米粒鬆散開來而無法形成有如筒狀之外形。

DESCRIPTION　　SUBJECT

筒仔米糕製作配方表 095-303A 米粒類—飯粒型

原　料　名　稱	百分比（%）	7個（g）	8個（g）	9個（g）
圓糯米	100	420	480	540
紅蔥頭	7	29.4	33.6	37.8
香菇	5	21	24	27
絞碎豬肉	40	168	192	216
蝦米	2	8.4	9.6	10.8
沙拉油	12	50.4	57.6	64.8
醬油	6	25.2	28.8	32.4
食鹽	2	8.4	9.6	10.8
味精	1	4.2	4.8	5.4
香油	1	4.2	4.8	5.4
胡椒粉	1	4.2	4.8	5.4
水	50	210	240	270
合計	227	953.4	1089.6	1225.8

計算

1. 420 ÷ 100 = 4.2
4.2 ×各項原料%＝各項原料重量

2. 480 ÷ 100 = 4.8
4.8 ×各項原料%＝各項原料重量

3. 540 ÷ 100 = 5.4
5.4 ×各項原料%＝各項原料重量

PS: 100 為圓糯米原料之百分比（%）

計算重點

各項原料重量合計／個數＝分量時每個所需的重量

1. 953.4 ÷ 7 = 136.2 g ／個
2. 1089.6 ÷ 8 = 136.2 g ／個
3. 1225.8 ÷ 9 = 136.2 g ／個

製成率

$$製成率 = \frac{成品總淨重（熟）}{原料總淨重（生）} \times 100\%$$

製作步驟

將圓糯米用大火蒸炊約20~25分鐘至米粒完全熟透。

起油鍋把所有的餡料、調味料加入一起拌炒。

先盛出1/3的餡料留作鋪底之用。

加入已蒸熟的糯米和剩餘的餡料拌炒。

倒入醬油調味並同時調整米飯之顏色。

拌炒至所有的原料完全混合均勻。

筒仔模具內加入少許的沙拉油塗抹均勻。

將先前預留1/3的餡料平均分於模底之內。

用平底湯匙將糯米飯平均分於模中之後秤重。

再放入蒸籠之中用中火回蒸約3~5分鐘，取出倒扣脫模。

PROCEDURE

說　明　　　　題　目

以長糯米為主原料，調理後灌入豬腸衣內，，每10~14公分綁一節、再經蒸或煮熟之成品。

糯米腸

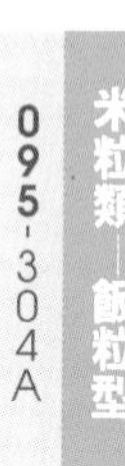

1. 以長糯米300公克，製作糯米腸一份。
2. 以長糯米350公克，製作糯米腸一份。
3. 以長糯米400公克，製作糯米腸一份。

【大師語錄】

一、在浸泡米粒時，記得不要超過所預定的時間太久，否則長糯米會容易因吸水過多而導致米粒形成粉碎的現象。

二、使用過濾篩網過濾泡米水時，要儘量選用孔徑較粗的篩網，以利雜質可順利的流出去。

三、豬腸衣在泡水時，可在水中加入少許的食鹽輕輕的來搓洗，以利將表面黏液及穢物完全清洗乾淨。

四、豬腸衣裝填完餡料之後，記得要用牙籤或針在表面均勻的刺上細小之孔洞，否則在入水煮後，腸衣會因此膨脹鼓起而使外形不佳且不易煮熟。

五、開大火待水煮滾之後，才能放入生糯米腸煮到略有浮起時記得要改成中火，不然若使用大火煮過久的話容易會將腸衣煮至破裂。

DESCRIPTION　　　　SUBJECT

糯米腸製作配方表

095-304A
米粒類—飯粒型

原 料 名 稱	百分比（%）	1份（g）	1份（g）	1份（g）
長糯米	100	300	350	400
蝦米	8	24	28	32
紅蔥頭	10	30	35	40
沙拉油	13	39	45.5	52
醬油	3	9	10.5	12
食鹽	2	6	7	8
細砂糖	1	3	3.5	4
味精	1	3	3.5	4
香油	2	6	7	8
胡椒粉	1	3	3.5	4
五香粉	1	3	3.5	4
水	40	120	140	160
合計	182	546	637	728

計算

1. 300 ÷ 100 = 3.0
3.0 ×各項原料%＝各項原料重量

2. 350 ÷ 100 = 3.5
3.5 ×各項原料%＝各項原料重量

3. 400 ÷ 100 = 4.0
4.0 ×各項原料%＝各項原料重量

PS: 100為長糯米原料之百分比（%）

製成率

製成率＝成品總淨重（熟）／原料總淨重（生）× 100%

製作步驟

先將長糯米洗淨後加入清水浸泡約1小時。

浸泡時間已到時，再使用過濾篩網濾掉多餘的水份。

將所有的餡料與調味料準備好置於桌上。

起油鍋爆炒所有的餡料與糯米，再加入少許的醬油。

加入調味料並調整米粒的色澤至略有淡褐之醬色即可。

豬腸衣泡水洗淨後，在末端處用一條綿繩綁緊。

把漏斗裝套入另一端未綁的腸衣口，填入餡料後，再用細長筷將餡料輕搓進入腸衣之內。

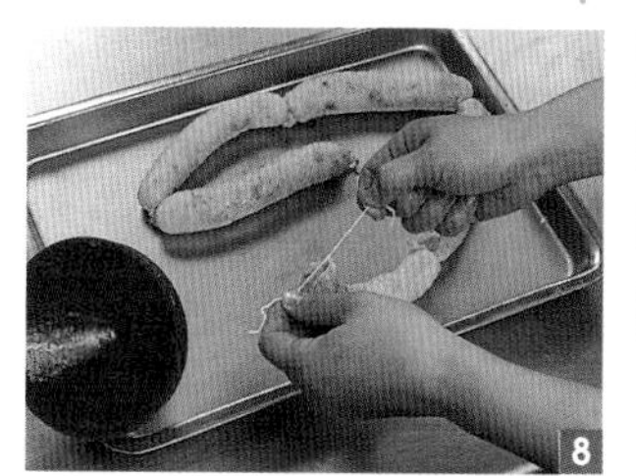

用手輕推拉擠壓腸衣內的糯米至底部，最後在填餡處端綁緊另一條綿繩使其牢固。

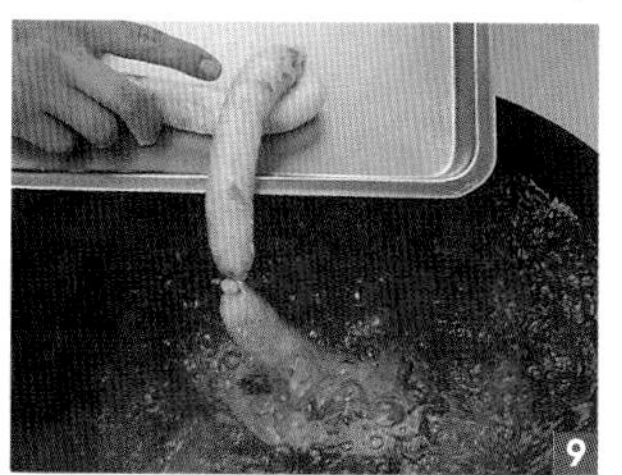

待水煮至沸騰之後再用手輕推生糯米腸入鍋中。

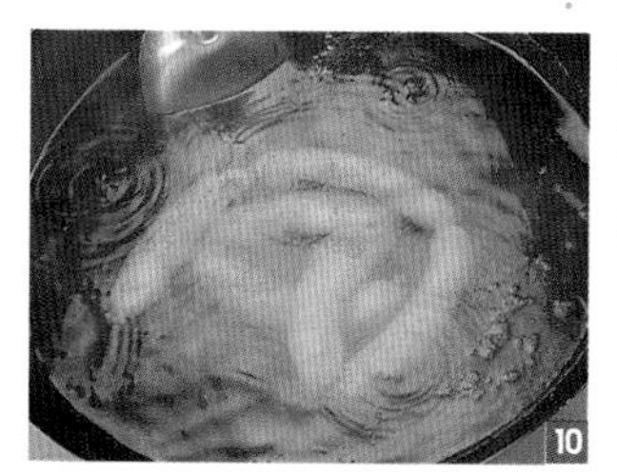

煮至糯米腸略浮起時，再改成中火繼續煮30~40分鐘。

以長糯米為主原料，經調理後，加入熟內餡（肉、花生、香菇……等），用粽葉包裹再經蒸或煮熟之產品。

台式肉粽

米粒類—飯粒型
095-305A

1. 以長糯米600公克，製作台式肉粽10粒。
2. 以長糯米660公克，製作台式肉粽11粒。
3. 以長糯米720公克，製作台式肉粽12粒。

備註：以生產工廠設備應考時，製作數量按設備需求配合，但不可以低於本表所列數量。

【大師語錄】

一、粽葉在浸泡熱水之前，每張葉子一定要清洗乾淨，以免沾有雜物在上面。

二、浸泡粽葉的水最好加熱至80℃左右，一方面使粽葉的香氣釋放出來，同時又可以兼具殺菌之效果。

三、自行製作煮餡的滷汁時，建議以水：醬油：糖＝5：3：2之比例來調配。

四、粽葉捲繞摺成有如漏斗形之捲筒狀之後，再加入米飯與夾層的餡料時一定要填充飽滿使紮實。

五、最後纏繞在粽身上的綿線一要綑綁緊，大約要2圈，否則生粽在使用大火水煮約50~60分鐘時會因內餡吸水膨脹而鬆脫開來。

台式肉粽製作配方表

095-305A
米粒類—飯粒型

	原料名稱	百分比（%）	10粒（g）	11粒（g）	12粒（g）
米飯	長糯米	100	600	660	720
	沙拉油	10	60	66	72
	紅蔥頭	5	30	33	36
	水	40	240	264	288
	醬油	4	24	26.4	28.8
	香油	2	12	13.2	14.4
	食鹽	1	6	6.6	7.2
	味精	2	12	13.2	14.4
	胡椒粉	1	6	6.6	7.2
	五香粉	1	6	6.6	7.2
	合計	166	996	1095.6	1195.2
餡	滷豬肉塊		10粒份重量	11粒份重量	12粒份重量
	滷花生粒		10粒份重量	11粒份重量	12粒份重量
	滷蛋		10粒份重量	11粒份重量	12粒份重量
	滷香菇		10粒份重量	11粒份重量	12粒份重量
	合計		依考場所提供原料的重量來計算總重	依考場所提供原料的重量來計算總重	依考場所提供原料的重量來計算總重

餡需秤重，並以長糯米重為100％，計算各原料之％。

計算

1. 600 ÷ 100 ＝ 6.0
6.0 ×各項原料%＝各項原料重量

2. 660 ÷ 100 ＝ 6.6
6.6 ×各項原料%＝各項原料重量

3. 720 ÷ 100 ＝ 7.2
7.2 ×各項原料%＝各項原料重量

PS: 100為長糯米原料之百分比（%）

計算重點

1. 由於餡的部分是由考場所提供，所以則要依照考場所分發的原料來秤重，若無分發考題中全部內餡之原料而必須要自行取用時，則要按試題所規定的粒數自行來取量秤重。

2. 各項原料重量合計／粒數＝分量時每粒所需的重量

製成率

$$製成率 = \frac{成品總淨重（熟）}{原料總淨重（生）} \times 100\%$$

製作步驟

長糯米洗淨之後，加入略蓋過米量的水浸泡約1小時。

大鍋之中加入半滿的水煮成熱水之後，再加入粽葉浸泡約3~5分鐘。

將豬肉塊、花生粒、去殼水煮蛋、香菇一起加入裝有滷汁的鍋中煮至上色。

起油鍋，爆香切碎的紅蔥頭後，再加入糯米與滷花生粒、調味料共同拌炒。

加入醬油調味並調色拌炒至完全上色均勻。

取2張已浸泡過熱水的粽葉，上下且正反兩端相互交錯疊合在一起。

用雙手將粽葉往中間捲摺成有如漏斗之捲筒形狀。

用湯匙舀入之前已炒好的糯米飯接著鋪放餡料，最後再加入一層米飯。

左手扶著粽身下方，右手再將上方的粽葉往下壓摺包緊使紮實。。

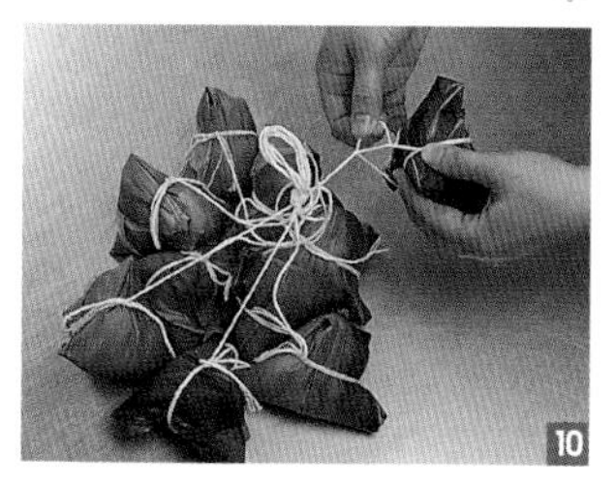

取一束棉線纏繞緊已包好之三角形粽身上約兩圈且拉緊，最後再打上一個活結。

PROCEDURE

說　明　題　目

八寶飯

米粒類—飯粒型

095-306A

以圓糯米為主原料，於模具中放置蜜餞等8項副原料，再放入處理過之原料米，蒸熟後反扣出之產品。

1. 以圓糯米900公克，製作八寶飯二個，反扣出於容器中。
2. 以圓糯米950公克，製作八寶飯二個，反扣出於容器中。
3. 以圓糯米1000公克，製作八寶飯二個，反扣出於容器中。

【大師語錄】

一、將清洗浸泡好的糯米鋪放在蒸籠內時，紗布一定要攤開保持平整，以利水蒸氣能均勻的將米粒蒸熟。

二、在開大火蒸炊糯米粒的過程中，中途偶爾要打開蒸籠蓋，使用噴水槍在米粒上噴上少許的水，以免米粒的表面過於乾燥成硬。

三、已蒸熟的圓糯米飯取出蒸籠放入鍋中，一定要趁熱時加入細砂糖拌融解，接著再加入沙拉油拌合均勻。

四、在鋪放不同的蜜餞等8項副原料時，要從碗型模中間由內往外依序的小心排列放置，儘量不要碰撞到而造成移位而使外觀不平整。

五、待所有的蜜餞排放完成後，要先加入約半碗的圓糯米飯，再使用雙手戴衛生手套往下稍壓緊之後，接著繼續舀入米飯將碗內填滿且壓實平整。

DESCRIPTION　SUBJECT

八寶飯製作配方表

095-306A
米粒類—飯粒型

原料名稱	百分比（%）	2個（g）	2個（g）	2個（g）
圓糯米	100	900	950	1000
細砂糖	25	225	237.5	250
沙拉油	8	72	76	80
金桔餅	5	45	47.5	50
葡萄乾	5	45	47.5	50
黑棗	5	45	47.5	50
鳳梨片	5	45	47.5	50
甘納豆	5	45	47.5	50
糖蓮子	5	45	47.5	50
櫻桃	5	45	47.5	50
桂圓肉	5	45	47.5	50
合計	173	1557	1643.5	1730

計算

1. 900 ÷ 100 = 9.0
   9.0 × 各項原料% = 各項原料重量
2. 950 ÷ 100 = 9.5
   9.5 × 各項原料% = 各項原料重量
3. 1000 ÷ 100 = 10.0
   10.0 × 各項原料% = 各項原料重量

PS: 100 為圓糯米原料之百分比（%）

計算重點

各項原料重量合計 / 個數 = 分量時每個所需的重量

1. 1557.0 ÷ 2 = 778.5 g / 個
2. 1643.5 ÷ 2 = 821.7 g / 個
3. 1730.0 ÷ 2 = 865.0 g / 個

製成率

$$製成率 = \frac{成品總淨重（熟）}{原料總淨重（生）} \times 100\%$$

製作步驟

圓糯米淘洗乾淨後，再加入清水浸泡約 1 小時。

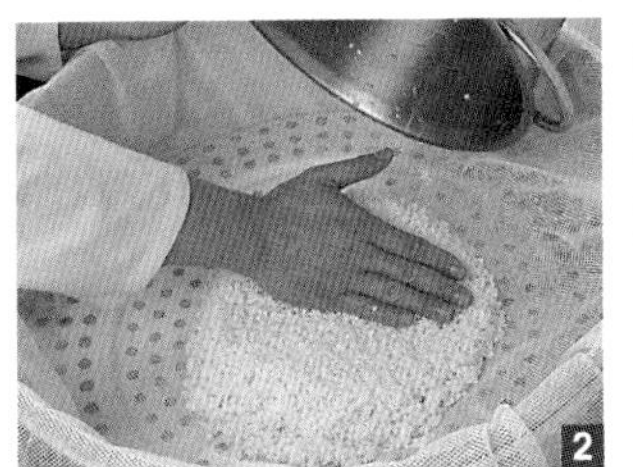

蒸籠內鋪上已清洗乾淨的紗布，再倒入已泡水瀝乾後的糯米。

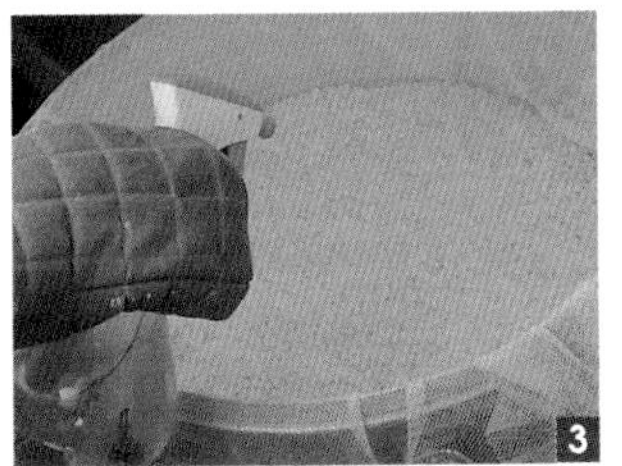

在蒸炊的中途，記得要打開蒸籠蓋，在米粒的表面噴上少許的水。

大火蒸約 20~25 分鐘至米粒用手指甲可掐斷的程度，即可打開蒸籠蓋取出。

將已蒸熟的糯米放入鍋中加入糖、油之後，再用木匙拌合均勻。

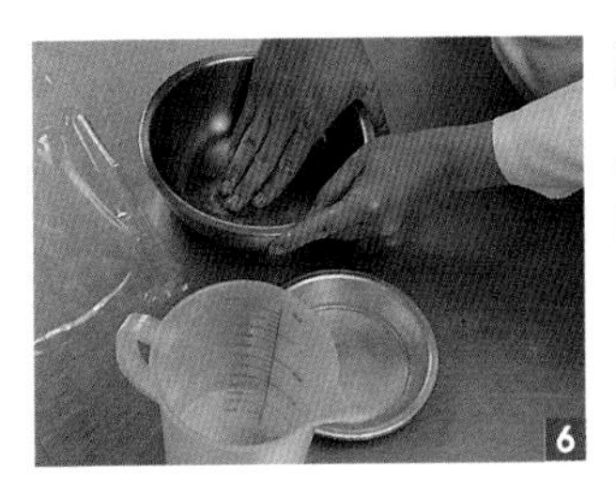

取一個碗型模具，先抹上少許的水後，再鋪放已剪裁好的保鮮膜。

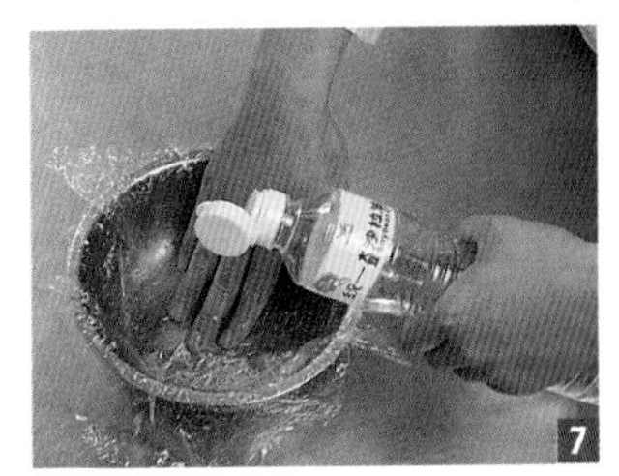

接著在膜紙上倒入少許的沙拉油後塗抹均勻。

由中央處往外圍依序排列鋪放 8 種蜜餞等副原料。

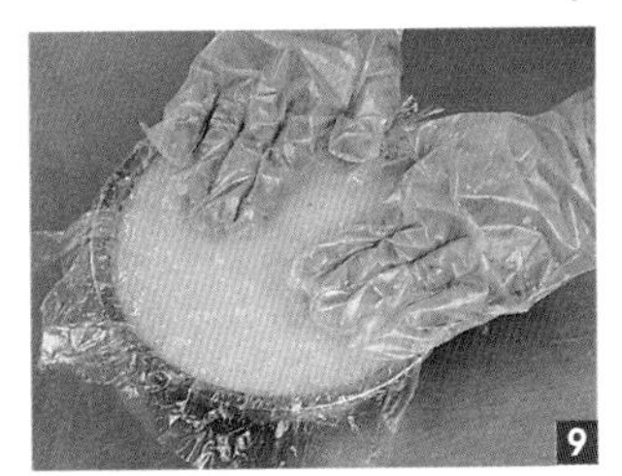

排放好之後，加入先前已拌勻的糯米飯再用手略輕壓緊使紮實。

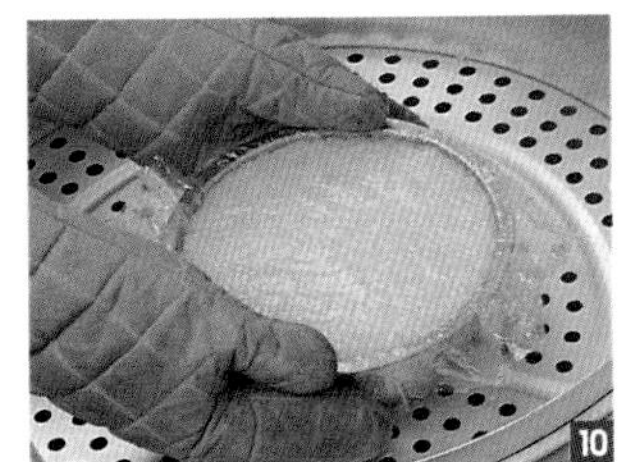

放回原來的蒸籠回蒸約 3~5 分鐘，即可取出倒扣撕掉膜紙後脫模。

PROCEDURE

說明　題目

以圓糯米為主原料，加入其他副原料一齊熬煮，並調整糖度為 12 ± 1° Brix 之粘稠粥品。

八寶粥

米粒類—粥品型 095-301B

1. 以圓糯米 130 公克，製作八寶粥一份，分裝於有蓋耐熱容器中。
2. 以圓糯米 135 公克，製作八寶粥一份，分裝於有蓋耐熱容器中。
3. 以圓糯米 140 公克，製作八寶粥一份，分裝於有蓋耐熱容器中。

【大師語錄】

一、紅豆、綠豆用清水洗淨去除雜質之後，最好改用溫水來浸泡使組織先行軟化，可縮短在熬煮時的時間。

二、圓糯米必須要在紅、綠豆加入鍋中煮至已稍爆開浮起時再加入，並要煮至豆粒呈現有如爆裂開花狀時才算熟透，此時才能加圓糯米，且浸泡豆子的水記得要濾掉，否則湯汁的顏色會變得很深。

三、薏仁、紅棗、桂圓亦必須要清洗完之後再用水浸泡，否則會使熬煮的時間加長，乾料泡水的目的是為了使水分能先滲透入內提早復水有助於軟化組織。

四、在煮粥時可使用淺鍋或是深鍋來熬煮，記得都要蓋上鍋蓋，以免粥內的水份蒸發過多而使湯汁變少，而且砂糖一定要留到最後才能加入，並可隨時添加水來調整其糖度。

五、紅棗、桂圓肉要浸泡至粥即將完成之前大約 8~12 分鐘時才能再加入，若太早加入的話，會使八寶粥的顏色呈現過於暗褐色而使而外觀不佳。

八寶粥製作配方表

095-301B
米粒類—粥品型

原料名稱	百分比（%）	1份（g）	1份（g）	1份（g）
圓糯米	100	130	135	140
桂圓肉	20	26	27	28
紅豆	15	19.5	20.3	21
綠豆	15	19.5	20.3	21
花生仁（熟）	20	26	27	28
薏仁	20	26	27	28
麥片	33	42.9	44.6	46.2
紅棗	10	13	13.5	14
細砂糖	150	195	202.5	210
水	3000	3900	4050	4200
合計	3383	4397.9	4567.2	4736.2

計算

1. 130 ÷ 100 = 1.30
   1.30 ×各項原料%=各項原料重量
2. 135 ÷ 100 = 1.35
   1.35 ×各項原料%=各項原料重量
3. 140 ÷ 100 = 1.40
   1.40 ×各項原料%=各項原料重量

PS: 100為圓糯米原料之百分比（%）

製成率

$$製成率=\frac{成品總淨重（熟）}{原料總淨重（生）}\times 100\%$$

製作步驟

圓糯米淘洗乾淨過後，用清水浸泡約 1 小時。

將部分的配料先清洗乾淨後再泡水浸漬，放於桌上備用。

煮鍋中加入水，先開大火，待水滾時，再改成中大火，蓋上鍋蓋倒入紅、綠豆煮至膨潤鼓起且呈現稍爆裂開狀。

再改為中小火加入已泡水瀝乾的圓糯米。

待米粒已熟透糊化時，再加入紅棗、薏仁、花生仁。

繼續煮至原料已浮起且呈現稍具有濃稠感。

加入麥片、桂圓肉於鍋內一起熬煮。

改成小火將原料繼續煮至呈現有如粥之濃稠狀。

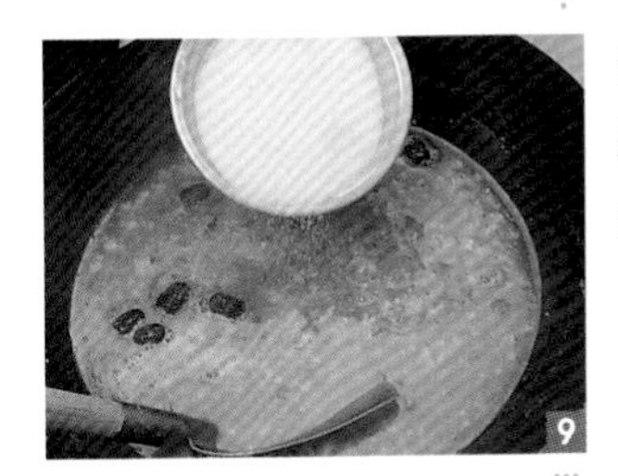

最後將細砂糖加入鍋內輕輕的攪拌，使砂糖顆粒完全溶解。

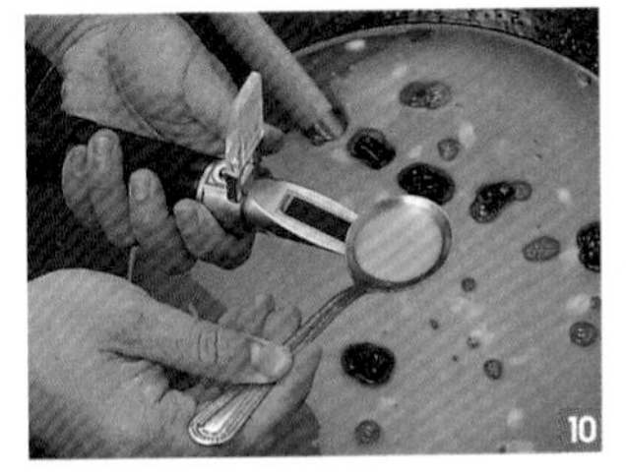

使用手持式糖度計，檢視測其值是否為 12 ± 1° Brix，若超過則加水稀釋，不足就再補細砂糖調整糖度。

說　明　　題　目

以白米製成粥底，並添加皮蛋與瘦肉及調味料，經熬煮而成之產品。

廣東粥

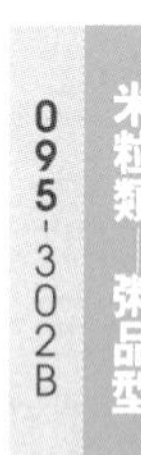

1. 以蓬來米200公克，製作粥底取出900公克製作廣東粥2份，分裝於考場提供之容器。
2. 以蓬來米220公克，製作粥底取出900公克製作廣東粥3份，分裝於考場提供之容器。
3. 以蓬來米240公克，製作粥底取出900公克製作廣東粥4份，分裝於考場提供之容器。

【大師語錄】

一、蓬萊米泡水最好不要超過30分鐘，以免米粒因吸水過多而造成粉碎狀。
二、豬大骨放入沸水中在熬製高湯時，記得要隨時的撈去除掉浮沫，以免湯汁最後而影響到廣東粥的外觀。
三、使用中火將米粒煮至膨潤糊化浮起，而且湯汁呈現濃稠狀之後才能加入其他的配料。
四、在煮粥的過程中，記得要蓋上鍋蓋，以免水分過度蒸發而使湯汁變稀少，可隨時添加少許的水來調整湯汁之濃稠度。
五、廣東粥一定要煮到幾乎看不見米粒形狀的軟爛之糊狀，並且成品外觀要具有湯少而料多的特點。

DESCRIPTION　SUBJECT

廣東粥製作配方表

095-302B
米粒類—粥品型

	原料名稱	百分比（%）	2份（g）	3份（g）	4份（g）
粥底	蓬萊米	100	200	220	240
	大骨汁 （大骨：水＝1：8製成）	2500	5000	5500	6000
	腐竹	5	10	11	12
	食鹽	5	10	11	12
	味精	2	4	4.4	4.8
	合計	2612	5224	5746.4	6268.8
調配料	粥底		900	900	900
	瘦豬肉（40公克／份）		80	120	160
	皮蛋（1/2個／份）		1個重量	1.5個重量	2個重量
	薑絲	5	10	15	20
	合計		依考場所提供原料的重量來計算總重	依考場所提供原料的重量來計算總重	依考場所提供原料的重量來計算總重

計算

1. 200 ÷ 100 = 2.0　　2.0 ×各項原料%＝各項原料重量
2. 220 ÷ 100 = 2.2　　2.2 ×各項原料%＝各項原料重量
3. 240 ÷ 100 = 2.4　　2.4 ×各項原料%＝各項原料重量

PS: 100為蓬來米原料之百分比（%）

計算重點

1. 調配料部份的原料有些由於是以份數來計算重量，所以其總重量是以百分比中所列出原料每份所秤出的重量乘以考題所要求之份數再加上其餘的重量而得到的。
2. 各項原料重量合計／份數＝分量時每份所需的重量

製成率

$$製成率 = \frac{成品總淨重（熟）}{原料總淨重（生）} \times 100\%$$

調配料

（一）粥底

1. 2份＝900 g
2. 3份＝900 g
3. 4份＝900 g

（二）瘦豬肉40 g／份（須切成絲條狀）

1. 40 × 2份＝80 g
2. 40 × 3份＝120 g
3. 40 × 4份＝160 g

（三）皮蛋1/2個／份（須去殼秤重）

1. 1/2 × 2份＝1個
2. 1/2 × 3份＝1.5個
3. 1/2 × 4份＝2個

（四）薑絲（須選用嫩薑）

1. 5 × 2份＝10 g
2. 5 × 3份＝15 g
3. 5 × 4份＝20 g

製作步驟

蓬萊米洗淨之後再加入清水浸泡約 30 分鐘。

將鍋內的水用大火煮至沸騰，再放入豬大骨，以大骨：水＝1 ： 8的比例熬製成高湯。

改成小火，蓋上鍋蓋留些透氣孔後，繼續熬煮約 30~40 分鐘，中途需撈除浮沫。

將浸泡中的蓬萊米濾除多餘的水份，再加入高湯之中熬成粥底。

嫩薑洗淨後切成細絲。

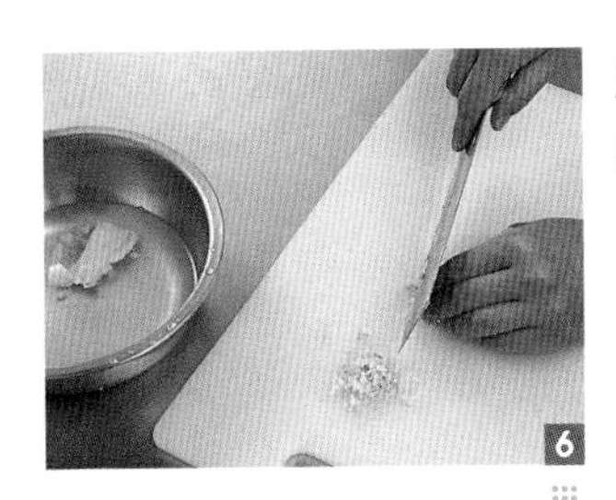

腐竹預先泡水，待軟化後切成細末。

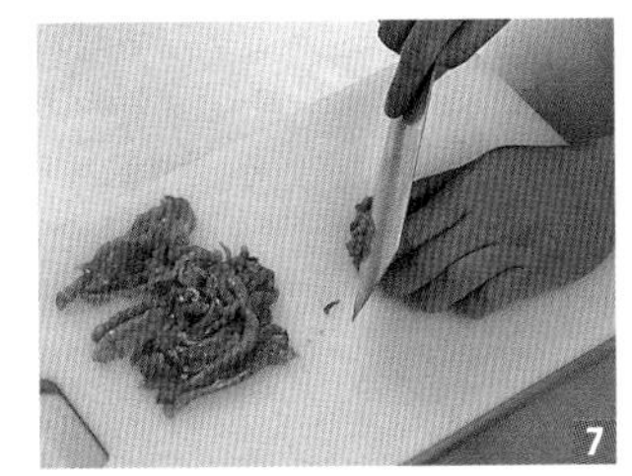

瘦肉先切成薄片之後再切成細絲。

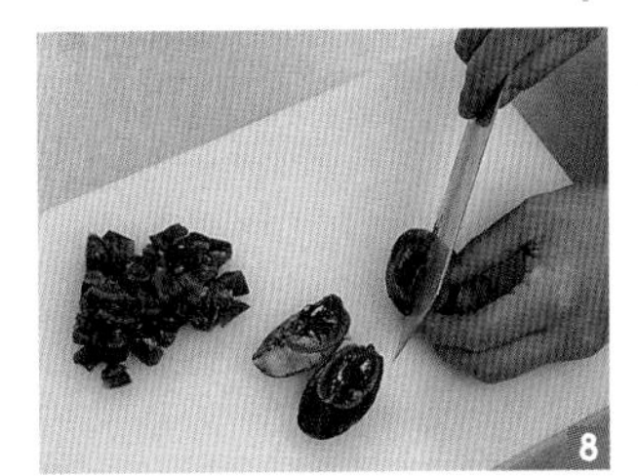

皮蛋放入沸水煮至蛋黃凝固後再細切成小丁。

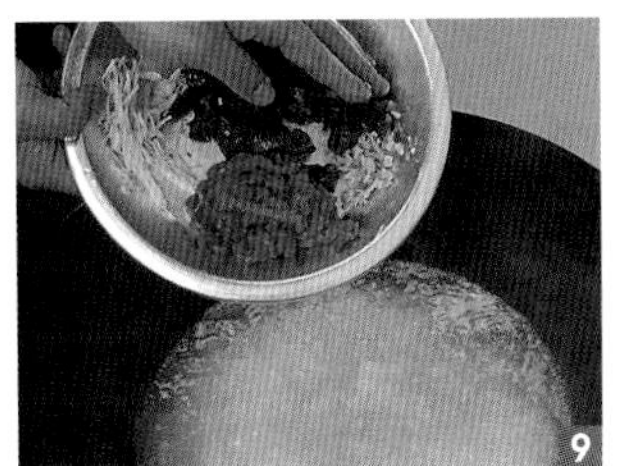

待蓬萊米煮至米粒已浮起且已膨潤糊化時，秤取900 公克，再加入所有的調配、調味料。

最後再改成微火煮粥約 5 分鐘，待成為軟爛糊狀時即可熄火。

RICE

說　明　　題　目

一、台式以白米飯、高湯及海鮮等副原料及調味料，製成之產品。
二、所需白米飯由考場提供。

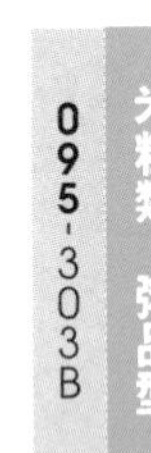

海鮮粥

米粒類—粥品型 095-303B

1. 以白米飯200公克，製作海鮮粥2份（每份約400公克），分裝於容器中。
2. 以白米飯300公克，製作海鮮粥3份（每份約400公克），分裝於容器中。
3. 以白米飯400公克，製作海鮮粥4份（每份約400公克），分裝於容器中。

備註：以生產工廠設備應考時，製作數量按設備需求配合，但不可以低於本表所列數量。

【大師語錄】

一、熬製高湯時，當放入豬大骨後記得要不斷的撈除掉浮沫，直至將大骨撈起鍋之後再繼續熬煮時也要留意是否還有殘留生成的浮沫。
二、將海鮮的材料浸泡在水中時要加入一些食鹽來抓洗，以利吐沙以及抑制腸炎弧菌的寄生生長，並也可以延長其保存之時間。
三、要注意海鮮粥規定是以考場所提供的白米飯來製作，所以不可以把米粒煮成糊爛狀，要將米飯煮至吸水膨潤有光澤且具有完整米粒外觀之形狀。
四、海鮮粥因不需要煮太久，但也必須要注意水份的蒸發散失，可隨時的添加些水來調整湯汁的量，其成品的外觀是要湯多料少為其特點。
五、煮海鮮粥時在加入白米飯後用中火煮約5~10分鐘，此時可陸續加入其他材料共煮，最後再改為大火將蛤蜊煮至開殼狀之後就要立即的熄火。

DESCRIPTION　　SUBJECT

海鮮粥製作配方表

095-303B
米粒類—粥品型

原　料　名　稱	百分比（%）	2份（g）	3份（g）	4份（g）
白米飯	100	200	300	400
大骨汁 （大骨：水＝1：8製成）	400	1000	1200	1400
蝦仁　（2隻／份）		4隻重量	6隻重量	8隻重量
花枝　（15 g／份）		30 g	45 g	60 g
蛤蜊　（3粒／份）		6粒重量	9粒重量	12粒重量
生蚵　（6隻／份）		12隻重量	18隻重量	24隻重量
食鹽	8	16	24	32
味精	5	10	15	20
薑絲	3	6	9	12
米酒	5	10	15	20
芹菜	5	10	15	20
合計		依考場所提供原料的重量來計算總重	依考場所提供原料的重量來計算總重	依考場所提供原料的重量來計算總重

計算

1. 200 ÷ 100 ＝ 2.0　　2.0 ×各項原料%＝各項原料重量
2. 300 ÷ 100 ＝ 3.0　　3.0 ×各項原料%＝各項原料重量
3. 400 ÷ 100 ＝ 4.0　　4.0 ×各項原料%＝各項原料重量

PS: 100為白米飯原料之百分比（%）

計算重點

1. 在配方表原料之中的蝦仁、蛤蜊、生蚵由於是以每份的數量為單位來做計算，所以則要依照考場所提供的原料秤出每份原料之重量乘以考題所需之份數來做計算而求得總重。
2. 各項原料重量合計／份數＝分量時每份所需的重量

製成率

$$製成率＝\frac{成品總淨重（熟）}{原料總淨重（生）}\times 100\%$$

調配料

(一)蝦仁2隻／份

1. 2 × 2份＝4隻
2. 2 × 3份＝6隻
3. 2 × 4份＝8隻

(二)蛤蜊3粒／份

1. 3 × 2份＝6個
2. 3 × 3份＝9個
3. 3 × 4份＝12個

(三)蚵6隻／份

1. 6 × 2份＝12隻
2. 6 × 3份＝18隻
3. 6 × 4份＝24隻

製作步驟

鍋中加入水煮沸之後再放入豬大骨，以大骨：水＝1 ：8之比例熬製成高湯。

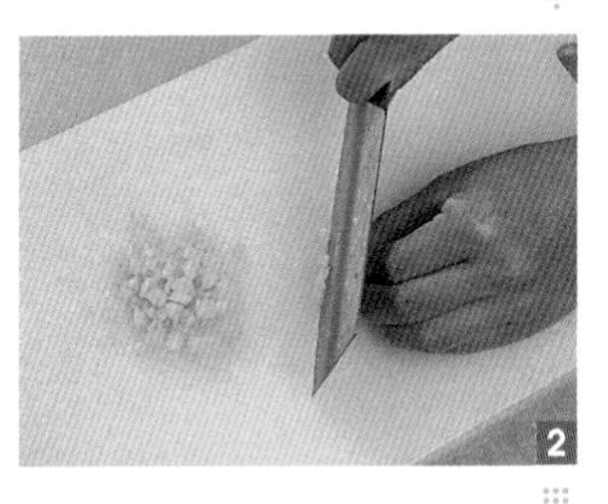

芹菜修去葉子只保留莖的部分，再切成細末。

蛤蜊泡水後加入少許的食鹽以協助吐沙。

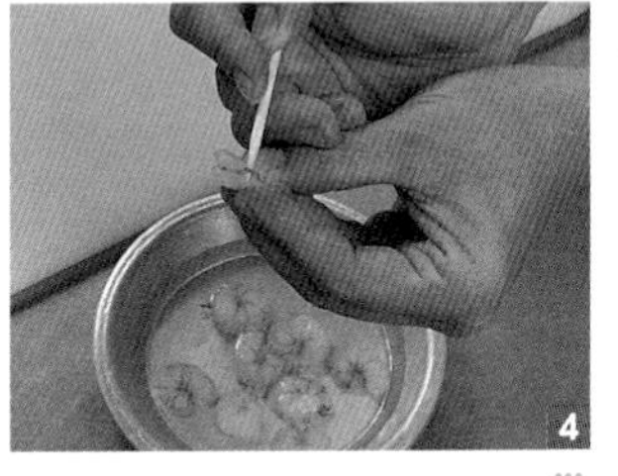

將蝦仁浸泡在鹽水之中，再用牙籤去除腸泥。

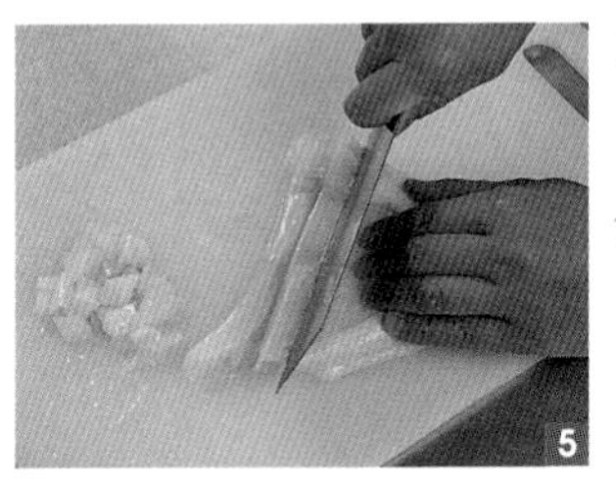

花枝先用水清洗乾淨，再斜切成菱形之小片狀。

生蚵泡水之後再加入少許的食鹽略抓洗幾下，以去除表面之黏液。

將已煮好的白米飯加入已熬製好的高湯之中。

用中火煮至白米飯膨潤之後先盛出，改成大火放入蚵、蝦仁、蛤蜊、花枝煮至熟後再倒入。

接著加入芹菜末與薑絲略拌勻。

最後再改小火，將米飯煮至尚能略見其外形，且蛤蜊呈現開殼狀之後立即熄火。

Cake

說　明　　**題　目**

以在來米粉為主原料，經加工蒸熟後，表面至少有三瓣裂口之成品。

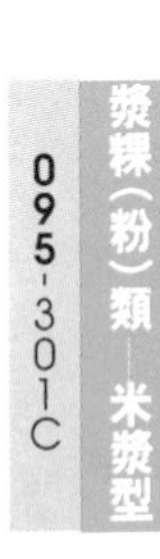

發粿

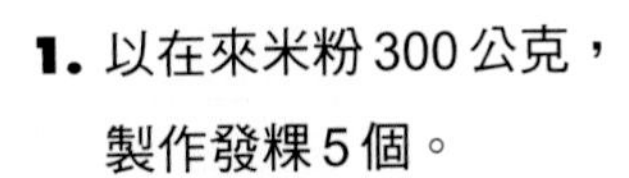

1. 以在來米粉300公克，製作發粿5個。
2. 以在來米粉360公克，製作發粿6個。
3. 以在來米粉420公克，製作發粿7個。

【大師語錄】

一、發粿配方中的細砂糖必須要先加入水中，使用打蛋器攪拌至糖顆粒完全溶解為止。

二、在米來粉、低筋麵粉、發粉一定要全部加在一起之後，再使用篩網來過篩才能將粉狀的原料混合均勻。

三、蒸發粿時所使用的空蒸碗，記得要先排放好或可內鋪上墊紙放在蒸籠之內，再移至蒸鍋上用大火將水煮至沸騰所產生的蒸氣來事先預熱。

四、將麵糊倒入碗內大約至7~8分滿即可，不可太少或太多，太少則發粿不易膨高裂開，太多則會在剛開始膨脹時而溢流出碗外。

五、在蒸炊發粿時，一定要使用大火且蒸籠蓋要蓋緊密，以防止內部的蒸氣散失以致無法形成至少有三瓣的裂口而導致失敗。

DESCRIPTION　　SUBJECT

發粿製作配方表

原料名稱	百分比（%）	5個（g）	6個（g）	7個（g）
在來米粉	100	300	360	420
低筋麵粉	40	120	144	168
細砂糖	100	300	360	420
水	120	360	432	504
發粉（B.P.）	6	18	21.6	25.2
合計	366	1098	1317.6	1537.2

計算

1. 300 ÷ 100 = 3.0
3.0 ×各項原料%＝各項原料重量

2. 360 ÷ 100 = 3.6
3.6 ×各項原料%＝各項原料重量

3. 420 ÷ 100 = 4.2
4.2 ×各項原料%＝各項原料重量

PS: 100為在來米原料之百分比（%）

計算重點

各項原料重量合計／個數＝分量時每個所需重量

1. 1098 ÷ 5 = 219.6 g ／個
2. 1317.6 ÷ 6 = 219.6 g ／個
3. 1537.2 ÷ 7 = 219.6 g ／個

製成率

製成率＝成品總淨重（熟）／原料總淨重（生）× 100％

製作步驟

鋼盆中加入配方中的水，再加入糖攪拌至完全溶解。

將在來米粉、低筋麵粉、發粉混合於篩網中。

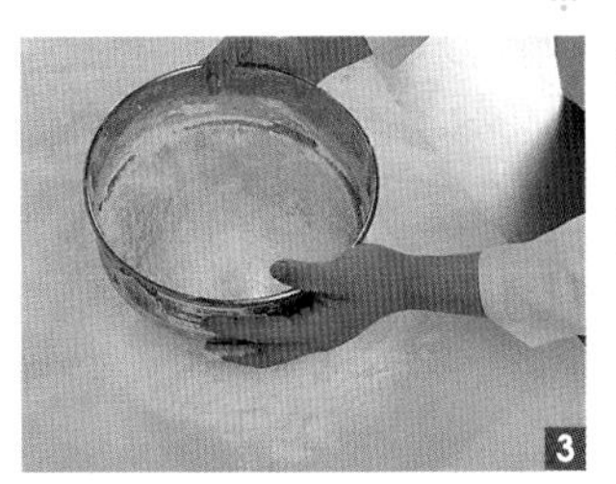

雙手搖晃並同時拍動篩網，將混合後的粉料過篩均勻。

再將其他的粉料也倒入糖水之中。

以同一方向快速攪拌均勻成為發粿麵糊。

蒸鍋內加入約半滿的水量，開大火將水煮至沸騰。

將蒸碗排放在蒸籠內，再移至有產生蒸氣的鍋上預熱。

把蒸籠移至桌面上，立刻倒入麵糊於碗中（此時要秤重，且蒸籠必須緊密蓋住蒸鍋）。

立即將蒸籠連同裝有麵糊的碗快速的移至最底層的蒸鍋之上。

蓋上蒸籠蓋使緊密，用大火蒸炊約 15~20 分鐘，至用竹籤插入中間測試，若無生麵糊即可熄火，略燜約 3 分鐘後再打開上蓋。

PROCEDURE

RICE

說　　明　　題　　目

以在來米粉為主原料，經適度糊化分裝後，放入調理好的副原料，經蒸熟之成品。

碗粿

095-302C 漿粿(粉)類—米漿型

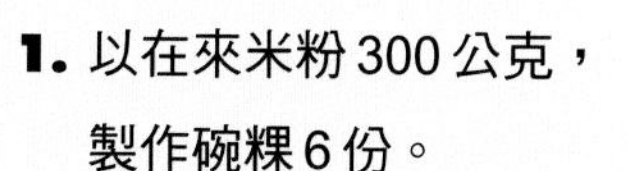

1. 以在來米粉300公克，製作碗粿6份。
2. 以在來米粉350公克，製作碗粿7份。
3. 以在來米粉400公克，製作碗粿8份。

【大師語錄】

一、起油鍋爆香時，要注意炒鍋內必須沒有水氣，否則在加入油之後會容易引起油爆的現象。

二、拌炒餡料時不要炒太久，否則會變得太乾硬而使口感不佳，餡料大約炒至7、8分熟的程度就可以了，但必須要注意的是，豬肉因容易含有寄生蟲（旋毛蟲），所以絞肉一定要炒至全熟。

三、碗粿的米漿水在攪拌後不要放置太久，否則會造成沈澱而固化的現象，在加入炒鍋中做部的預糊化之前，必須要用打蛋器再度攪拌一次使恢復至均勻之粉漿狀。

四、在糊化部分的米漿時，最好使用小火且要保留大約1碗量的米漿水來添加調整其濃稠度，以避免因預糊化過度而使成品變成乾硬而無彈性。

五、倒入米漿糊於蒸碗內前，蒸碗內要先塗抹均勻少許的沙拉油，以利成品在製作完成之後能順利的脫模。

DESCRIPTION　　SUBJECT

碗粿製作配方表

原料名稱	百分比（%）	6份（g）	7份（g）	8份（g）
在來米粉	100	300	350	400
太白粉	10	30	35	40
水	300	900	1050	1200
香菇	5	15	17.5	20
絞碎豬肉	30	90	105	120
碎蘿蔔乾	10	30	35	40
蝦米	3	9	10.5	12
沙拉油	10	30	35	40
紅蔥頭	5	15	17.5	20
食鹽	2	6	7	8
味精	1	3	3.5	4
醬油	2	6	7	8
香油	2	6	7	8
胡椒粉	0.5	1.5	1.8	2
合計	480.5	1441.5	1681.8	1922

計算

1. 300 ÷ 100 = 3.0
   3.0 ×各項原料%＝各項原料重量
2. 350 ÷ 100 = 3.5
   3.5 ×各項原料%＝各項原料重量
3. 400 ÷ 100 = 4.0
   4.0 ×各項原料%＝各項原料重量

PS: 100為在來米粉原料之百分比(%)

計算重點

各項原料重量合計／個數＝分量時每個所需重量

1. 1441.5 ÷ 6 = 240.2 g／份
2. 1681.8 ÷ 7 = 240.2 g／份
3. 1922 ÷ 8 = 240.2 g／份

製成率

$$製成率 = \frac{成品總淨重（熟）}{原料總淨重（生）} \times 100\%$$

製作步驟

紅蔥頭先清洗乾淨，去蒂頭後切碎片。

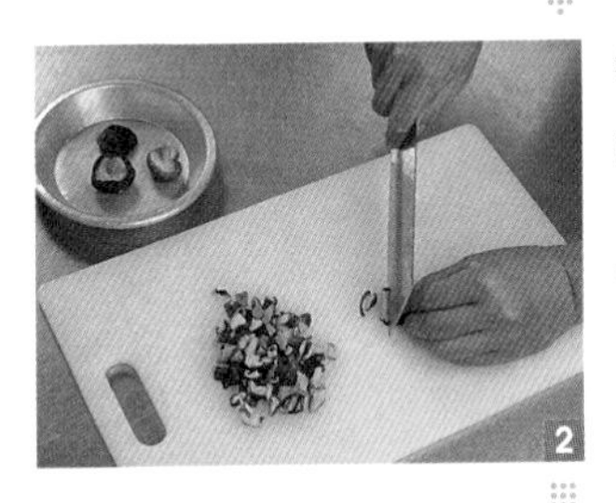

香菇先泡水變軟之後再細切小丁。

蝦米洗淨浸泡酒水備用。

碎蘿蔔乾加入少許的食鹽，抓洗乾淨之後泡水以去除鹹味。

起油鍋先爆香紅蔥頭，再加入蝦米和香菇共同爆炒。

加入碎蘿蔔乾、豬絞肉和調味料一起拌炒。

將已炒好的餡料預留 $^{1}/_{3}$ 的量作頂部裝飾之用。

把在來米米粉、太白粉、水一起倒入鋼盆之中，再用打蛋器攪拌混合均勻。

將米漿粉水加入剩餘 $^{2}/_{3}$ 的餡料中，開小火攪拌至部分預糊化。

把已完成預糊化的米漿糊倒入碗中，撒上裝飾餡料，用中火蒸炊約30~40分鐘。

蘿蔔糕

說明

以在來米粉和白蘿蔔為主原料，經適度糊化，裝入模具後，經蒸熟之成品。

題目

1. 以在來米粉 500 公克，製作蘿蔔糕 4 個。

2. 以在來米粉 520 公克，製作蘿蔔糕 4 個。

3. 以在來米粉 540 公克，製作蘿蔔糕 4 個。

備註：以生產工廠設備應考時，製作數量按設備需求配合，但不可以低於本表所列數量。

【大師語錄】

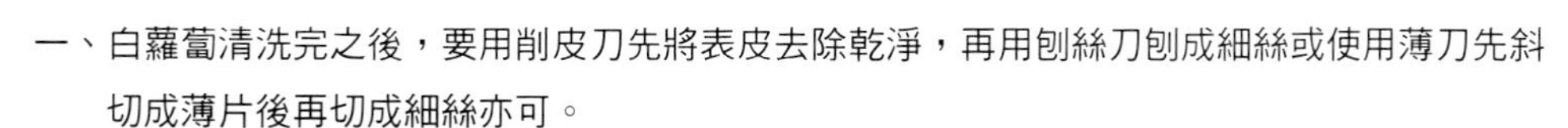

一、白蘿蔔清洗完之後，要用削皮刀先將表皮去除乾淨，再用刨絲刀刨成細絲或使用薄刀先斜切成薄片後再切成細絲亦可。

二、香菇、蝦米因皆屬於乾貨原料，所以必須要預先洗淨後再浸泡到水或酒水中，使提早復水回軟之後備用。

三、加入米漿粉於鍋中做預糊化時一定要使用小火，且要不斷的攪拌至有如濃粥之稠度時則要立刻熄火，若糊化過度時，可再倒入約 1 碗的米漿粉來調整至需要的糊化程度。

四、蒸盤內要先抹一些水，再鋪上已剪裁好成型的保鮮膜紙以利膜紙在盤內固定，否則蒸好的成品其外觀形狀會不佳。

五、蒸蘿蔔糕的時間不能超過太久，以免因內部的水份蒸發過度及蒸籠蓋內的水回滴太多，造成表面積水過多內部乾燥而形成收縮塌陷的現象，而引喻成為有一句有趣的俗話說：「阿婆仔炊粿－倒塌」（台語發音－倒貼）之意。

DESCRIPTION　　SUBJECT

蘿蔔糕製作配方表

095-303C
漿粿（粉）類—米漿型

原料名稱	百分比（%）	4個（g）	4個（g）	4個（g）
在來米粉	100	500	520	540
白蘿蔔	125	625	650	675
蝦米	7	35	36.4	37.8
香菇	3	15	15.6	16.2
細砂糖	8	40	41.6	43.2
食鹽	3	15	15.6	16.2
味精	2	10	10.4	10.8
香油	2	10	10.4	10.8
胡椒粉	0.5	2.5	2.6	2.7
水	300	1500	1560	1620
合計	550.5	2752.5	2862.6	2972.7

計算

1. 500 ÷ 100 ＝ 5.0
5.0 ×各項原料%＝各項原料重量
2. 520 ÷ 100 ＝ 5.2
5.2 ×各項原料%＝各項原料重量
3. 540 ÷ 100 ＝ 5.4
5.4 ×各項原料%＝各項原料重量

PS: 100 為在來米粉原料之百分比(%)

計算重點

各項原料重量合計／個數＝分量時每個所需重量

1. 2752.5 ÷ 4 ＝ 688.1 g／個
2. 2862.6 ÷ 4 ＝ 715.6 g／個
3. 2972.7 ÷ 4 ＝ 743.1 g／個

製成率

$$製成率 = \frac{成品總淨重（熟）}{原料總淨重（生）} \times 100\%$$

製作步驟

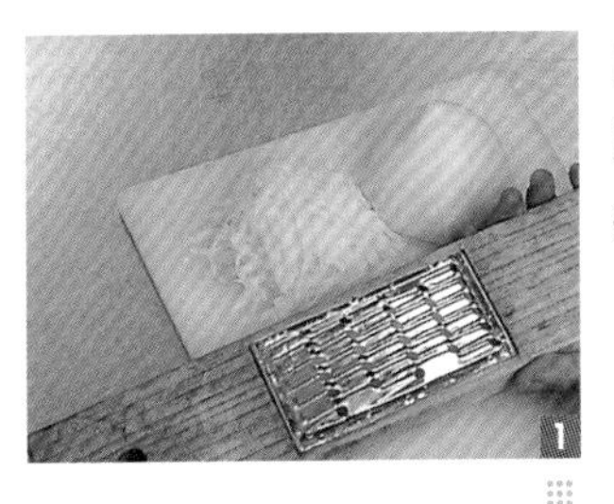

白蘿蔔清洗乾淨後去皮，用刨絲器削成細絲。

香菇洗淨泡水，待軟化之後再切成細絲。

蝦米洗淨之後浸泡酒水備用。

將在來米粉、水一起加入鋼盆中，用打蛋器或可用攪拌機攪拌均勻。

起油鍋，加入蝦米和香菇一起拌炒爆香。

再倒入白蘿蔔絲共同拌炒均勻。

將米漿粉水倒入炒鍋之中，進行部分的預糊化。

留下約1碗量的米漿粉水來調整漿糊適當的濃稠度，以預防糊化過度。

蒸盤中先抹少許的水，鋪上保鮮膜後再均勻的塗抹一層薄油。

移至蒸籠上將表面中抹平後，用中火蒸炊約30~40分鐘。

RICE

說明　　題目

以在來米粉和芋頭為主原料，經適度糊化，裝入模具後，經蒸熟之產品。

芋頭糕

漿粿(粉)類—米漿型

095-304C

1. 以在來米粉500公克，製作芋頭糕4個。
2. 以在來米粉520公克，製作芋頭糕4個。
3. 以在來米粉540公克，製作芋頭糕4個。

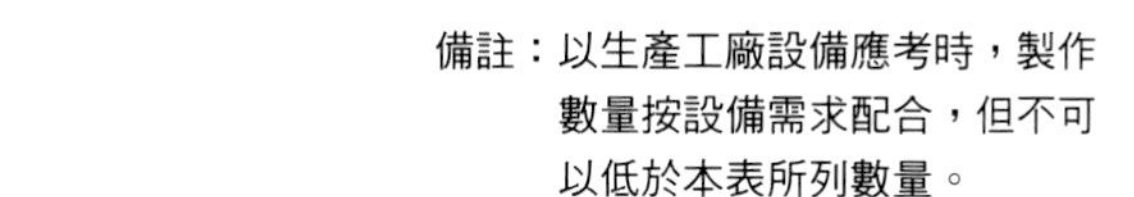

備註：以生產工廠設備應考時，製作數量按設備需求配合，但不可以低於本表所列數量。

【大師語錄】

一、因芋頭的表皮沾有泥土且含易造成皮膚過敏而引起搔癢的成份物質，所以必須事先浸泡在水中清洗乾淨之後再用削皮刀削去外皮。

二、芋頭絲因組織較為堅硬，所以在爆香完之後要改用小火，將芋頭慢慢的炒軟使口感較佳。

三、米漿粉水在倒入炒鍋中與餡料拌炒時動作要快，因為此時的米漿已逐漸開始進行糊化作用而形成漿糊，倒入之後要不斷的攪拌才能使糊化均勻。

四、在預糊化的過程之中，只需達到部分的糊化即可，而且要保留約1碗的粉水不可糊化過度，否則會使成品堅硬而無彈性，若發已過度時就要立即熄火，再把預留的米漿粉水加入來調整其濃稠度。

五、在蒸炊芋頭糕至預定完成的時間將至時再打開蒸籠蓋，使用細長籤插入製品中來測試，取出籤後若還有黏附生漿糊則表示未熟，還要繼續蒸炊至熟透。

DESCRIPTION　　SUBJECT

芋頭糕製作配方表

095-304C
漿粿（粉）類—米漿型

原　料　名　稱	百分比（%）	4個（g）	4個（g）	4個（g）
在來米粉	100	500	520	540
芋頭	75	375	390	405
蝦米	7	35	36.4	37.8
細砂糖	8	40	41.6	43.2
食鹽	4	20	20.8	21.6
味精	2	10	10.4	10.8
香油	2	10	10.4	10.8
胡椒粉	0.5	2.5	2.6	2.7
水	300	1500	1560	1620
合計	498.5	2492.5	2592.2	2691.9

計算

1. 500 ÷ 100 = 5.0
5.0 ×各項原料%＝各項原料重量

2. 520 ÷ 100 = 5.2
5.2 ×各項原料%＝各項原料重量

3. 540 ÷ 100 = 5.4
5.4 ×各項原料%＝各項原料重量

PS: 100為在來米粉原料之百分比(%)

計算重點

各項原料重量合計／個數＝分量時每個所需重量

1. 2492.5 ÷ 4 = 623.1 g／個
2. 2592.2 ÷ 4 = 648 g／個
3. 2691.9 ÷ 4 = 672.9 g／個

製成率

$$製成率 = \frac{成品總淨重（熟）}{原料總淨重（生）} \times 100\%$$

製作步驟

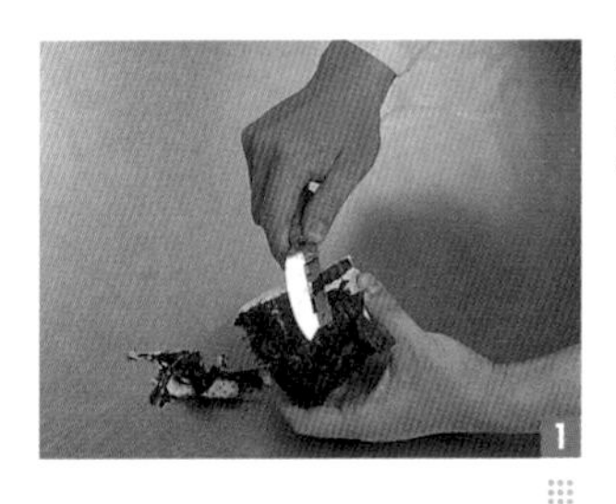

先將芋頭洗淨，用削皮刀削去除掉外皮。

再次清洗乾淨後用刨絲器刨成細絲。

蝦米洗淨之後浸泡於酒水中備用。

起油鍋，先加入瀝乾的蝦米爆香。

再加入芋頭絲於鍋中拌炒。

加入所有的調味料拌炒至完全均勻。

將在來米粉加入鋼盆內再與配方中的水攪拌均勻。

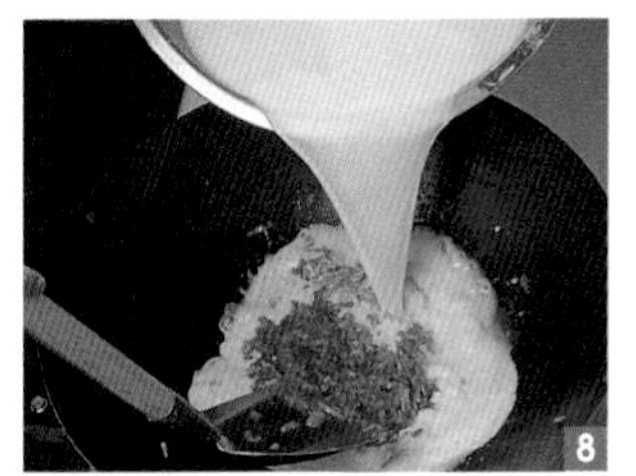

將米漿粉水倒入炒鍋之中，再與餡料拌炒勻後進行預糊化。

把已完成部分糊化的漿糊倒入鋪有保鮮膜的蒸盤之中。

用中火蒸炊約40~50分鐘後，以細長竹籤檢視是否有熟透。

PROCEDURE

說　明　　題　目

油蔥粿

以米穀粉為主原料，調製成米漿，並與油蔥分次放入蒸盤內，蒸煮成具有多層油蔥之產品。

1. 以米穀粉 400 公克，製作油蔥粿 1 盤。
2. 以米穀粉 450 公克，製作油蔥粿 1 盤。
3. 以米穀粉 500 公克，製作油蔥粿 1 盤。

備註：以生產工廠設備應考時，製作數量按設備需求配合，但不可以低於本表所列數量。

【大師語錄】

一、配方中的粉狀原料，如：在來米粉、蓬來米粉、太白米粉等混合在一起時，最好都要過篩，除了可以使原料混合均勻之外，還可以使其快速的分散於水中以縮短其攪拌時間。

二、油蔥粿的米漿粉水中，在加入調味料之後要攪拌混合均勻至完全的溶解且不要久置，否則米漿粉會沈澱在盒底而固化，所以當要使用時之前可以用手先壓散開之後，再用打蛋器攪拌使均勻分散於水中。

三、蒸盤移放至蒸籠之前必須要先檢查蒸籠是否有正立於蒸鍋之上，不可以有傾倒歪斜的現象，以免在加入米漿粉水時導致左右高低不平而影響其成品厚薄之外觀。

四、在蒸油蔥粿時要使用中火時間約 20~25 分鐘，而在倒入粉水於蒸盤內之後一定要把蓋子蓋好，並還要注意其表面是否已有糊化且凝結的現象。

五、米漿的表面如有略凝結而凝固時，要立刻的加入油蔥酥，否則若待完全凝結固化時蔥酥會不易黏附表面，使得在倒入另一層的粉水時油蔥酥會浮上來，會造成無法形成層次的現象。

DESCRIPTION　　SUBJECT

油蔥粿製作配方表

原　料　名　稱	百分比（%）	1盤（g）	1盤（g）	1盤（g）
在來米粉	75	300	337.5	375
蓬來米粉	25	100	112.5	125
太白粉	20	80	90	100
水	250	1000	1125	1250
味精	3	12	13.5	15
食鹽	2	8	9	10
油蔥酥	8	32	36	40
合計	383	1532	1723.5	1915

計算

1. 400（在來米粉＋蓬來米粉總重）÷ 100 = 4.0
   4.0 × 各項原料% = 各項原料重量
2. 450（在來米粉＋蓬來米粉總重）÷ 100 = 4.5
   4.5 × 各項原料% = 各項原料重量
3. 500（在來米粉＋蓬來米粉總重）÷ 100 = 5.0
   5.0 × 各項原料% = 各項原料重量

PS: 100為（在來米粉＋蓬來米粉）原料之百分比（%）

製成率

$$\text{製成率} = \frac{\text{成品總淨重（熟）}}{\text{原料總淨重（生）}} \times 100\%$$

製作步驟

1. 將在來米粉、蓬來米粉、太白粉混合在一起之後過篩。

2. 把過篩的米漿粉加入鋼盆之內，再與配方中的水攪拌均勻。

3. 再把所有的調味料倒入米漿粉水之中攪拌至完全溶解。

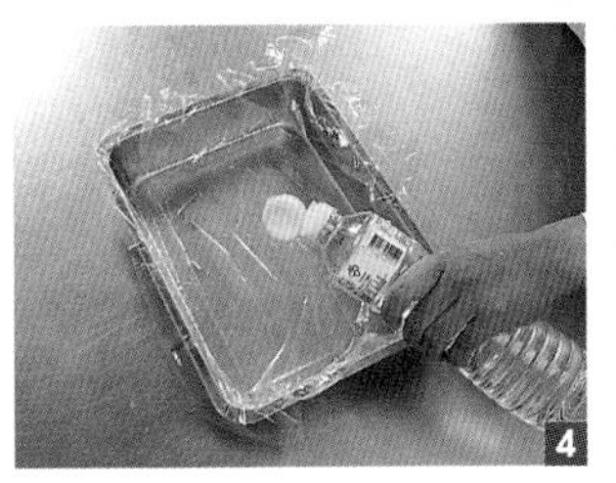

4. 蒸盤先用水塗抹一次，再鋪放保鮮膜入內後倒入沙拉油抹均勻。

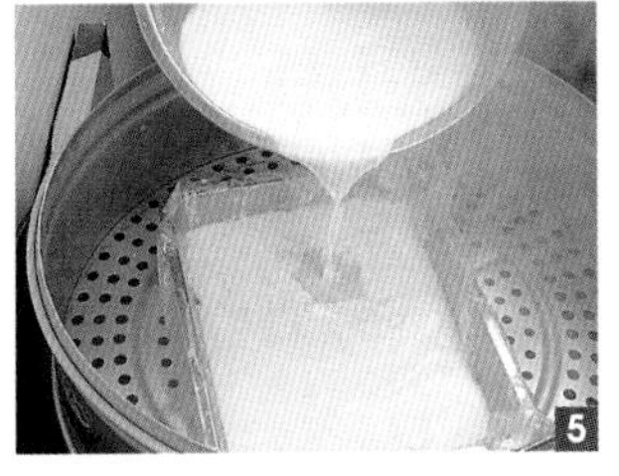

5. 將蒸盤放入蒸籠之中，先倒入第一層的米漿粉水後立刻蓋上蓋子。

6. 等待表面略有糊化凝結時，再撒上第一層的油蔥酥。

7. 接著再繼續倒入第二層的粉水後立即蓋上蒸籠蓋。

8. 待表面略凝結時再撒入第二層的油蔥酥。

9. 接著再繼續倒入第三層的粉水之後立刻蓋上蓋子。

10. 要待表面略有糊化時再撒入第三層的油蔥酥，反覆上述動作直至米漿粉水與油蔥酥用完為止（其內層次大約在 6~9 層）。

RICE

說明　　題目

一、以米穀粉為主原料，配合芋頭與蝦米等調配料調製的漿糰，經整型及蒸熟之產品。
二、可使用攪拌機製作漿糰。

芋粿巧

漿粿(粉)類——一般漿糰型

095-301D

1. 以〔總米穀粉量（糯米粉＋在來米粉）〕400公克，製作芋粿巧24個。
2. 以〔總米穀粉量（糯米粉＋在來米粉）〕450公克，製作芋粿巧27個。
3. 以〔總米穀粉量（糯米粉＋在來米粉）〕500公克，製作芋粿巧30個。

【大師語錄】

一、芋粿巧的餡料皆要切成小細丁或小碎粒狀，若切成太大顆粒的話，會不易來與漿糰混合均勻並且容易從內部掉落出來。
二、在製作漿糰時一定要使用攪拌機來操作，在裝上鉤狀拌打器之後要先倒進粉料再加入水開慢速攪拌成糰狀即可。
三、將芋粿巧的漿糰移至磅秤上秤出總重後，取出10％的漿糰壓成扁平之後，投入煮沸的水中煮至已熟且浮起時就可撈出成為粿粹。
四、粿粹加入原來的漿糰中攪拌時則要改用中速，以利將粿粹與漿糰攪拌混合均勻至表面呈現光滑之光亮狀。
五、整型時要用雙手把漿糰略搓長，先用雙手將兩端搓成尖狀再往中央處彎曲成有如筊杯之彎月形後，底部鋪放墊紙再移至蒸籠上用中火蒸約20~25分鐘。

DESCRIPTION　　SUBJECT

芋粿巧製作配方表

原　料　名　稱	百分比（%）	24個（g）	27個（g）	30個（g）
糯米粉	60	240	270	300
在來米粉	40	160	180	200
水	70	280	315	350
芋頭	50	200	225	250
蝦米	5	20	22.5	25
沙拉油	10	40	45	50
紅蔥頭	5	20	22.5	25
食鹽	1	4	4.5	5
味精	1	4	4.5	5
香油	2	8	9	10
醬油	2	8	9	10
胡椒粉	0.5	2	2.3	2.5
五香粉	0.5	2	2.3	2.5
合計	247	988	1111.6	1235

計算

1. 400（糯米粉＋在來米粉總重）÷ 100 ＝ 4.0
4.0 ×各項原料%＝各項原料重量

2. 450（糯米粉＋在來米粉總重）÷ 100 ＝ 4.5
4.5 ×各項原料%＝各項原料重量

3. 500（糯米粉＋在來米粉總重）÷ 100 ＝ 5.0
5.0 ×各項原料%＝各項原料重量

PS: 100為（糯米粉＋在來米粉）原料之百分比（%）

計算重點

各項原料重量合計 / 個數＝分量時每個所需重量

1. 988 ÷ 24 ＝ 41.1 g / 個

2. 1111.6 ÷ 27 ＝ 41.1 g / 個

3. 1235 ÷ 30 ＝ 41.1 g / 個

製成率

$$製成率 = \frac{成品總淨重（熟）}{原料總淨重（生）} \times 100\%$$

製作步驟

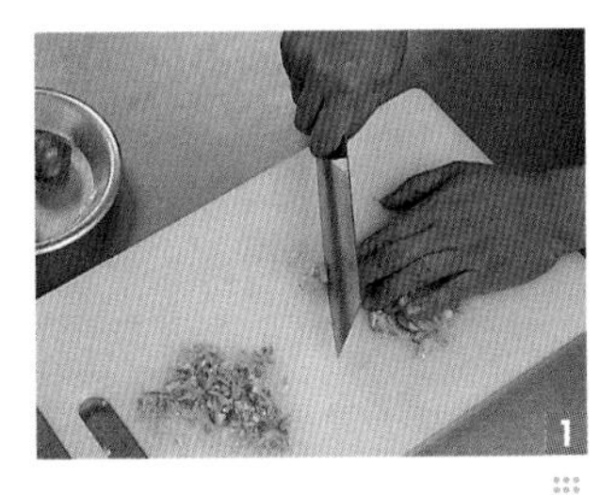

1. 紅蔥頭洗淨去除蒂頭之後細切成小粒狀。

2. 蝦米洗淨泡水後切段成為碎粒狀。

3. 芋頭削皮洗淨刨絲後切成小丁。

4. 起油鍋先爆香紅蔥頭、蝦米後，再加入芋頭和調味料共同拌炒。

5. 將圓糯米粉、在來米粉、水一起倒入攪拌缸中攪拌成漿糰。

6. 取漿糰總重量的10％投入沸水中煮至浮起製做成粿粹。

7. 把粿粹加入攪拌缸內與原來的粿糰再攪拌至呈現光滑狀。

8. 再把事先已炒好備用的餡料加入漿糰之中混合攪拌均勻。

9. 芋粿巧漿糰秤重後整型成長條形狀，將左右兩端搓成兩頭尖。

10. 整型成彎月形再用手的中間三指，在漿糰上壓印出三個手指印之後即可上籠蒸炊。

PROCEDURE

說　明　　　題　目

一、以糯米粉為主原料，加水調製成紅色漿糰，經包餡印模後蒸熟之產品。
二、可使用攪拌機製作漿糰。

紅龜粿

漿粿(粉)類——一般漿糰型
095-302D

1. 以圓糯米粉300公克，製作紅龜粿5個（皮：餡＝3：2）。
2. 以圓糯米粉360公克，製作紅龜粿6個（皮：餡＝3：2）。
3. 以圓糯米粉420公克，製作紅龜粿7個（皮：餡＝3：2）。

備註：以生產工廠設備應考時，製作數量按設備需求配合，但不可以低於本表所列數量。

【大師語錄】

一、紅色素是由考場所提供的，一般大部份都是使用食用紅色六號之深紅色素，而且要按照配方之中的份量來添加不可過多，否則在蒸炊過後顏色會變得更加深紅而使外觀欠佳。

二、攪拌完成之後的紅龜粿漿糰的顏色是要呈現淡紅色，若發現顏色已太深時已經來不及了，所以紅色素的使用量要恰到好處，可依照配方中的用量或可以用慢慢添加少量的方式來調整其色澤。

三、在取出總重量10％的漿糰製作粿粹時，要注意必須要等待水煮滾沸騰之後再加入，否則會因為在水中煮的時間太久吸水過多，最後導致總漿糰的含水量增多而變得太軟黏。

四、紅龜粿的漿糰與紅豆餡分別秤重分割完成至所需要的重量之後，桌面上先用濕抹布塗抹上薄薄的一層水再鋪上塑膠紙攤平使桌面上貼合，先把漿糰用手掌往下壓稍平之後再把邊緣壓薄才不致於底部太厚。

五、包餡完成的糰與紅龜印模，記得都要塗上厚層的沙拉油以利壓模之後能順利的脫模，脫模之後底鋪墊紙入蒸籠以中火蒸約15~20分鐘，蓋子不要完全蓋緊密要保留一個小縫隙的透氣孔，以免因吸水過度膨脹而使花紋之紋路看不清楚。

DESCRIPTION　　SUBJECT

紅龜粿製作配方表

095-302D
漿粿（粉）類—一般漿糰型

原料名稱		百分比（%）	5個（g）	6個（g）	7個（g）
皮	圓糯米粉	100	300	360	420
	細砂糖	25	75	90	105
	水	70	210	252	294
	食用紅色色素	0.1	0.3	0.4	0.4
	小計	195.1	585.3	702.4	819.4
餡	紅豆餡	100	300	360	420
	合計	295.1	850.3	1062.4	1239.4

計算

1. 300 ÷ 100 = 3.0　　3.0 × 各項原料% = 各項原料重量　　依題意製作紅龜粿5個
   所以300（紅豆餡總重）÷ 5 = 60 g…紅豆餡每個重量　而皮：餡 = 3：2，皮 / 60 = 3 / 2
   因此皮 = 90 g……漿糰皮每個重量　　90 × 5 = 450 g……皮實際所需總重
   所以585.3 − 450 = 135.3……皮漿糰剩餘重量
2. 360 ÷ 100 = 3.6　　3.6 × 各項原料% = 各項原料重量　　依題意製作紅龜粿6個
   所以360（紅豆餡總重）÷ 6 = 60 g…紅豆餡每個重量　而皮：餡 = 3：2，皮 / 60 = 3 / 2
   因此皮 = 90 g……漿糰皮每個重量　　90 × 6 = 540 g……皮實際所需總重
   所以702.4 − 540 = 162.4……皮漿糰剩餘重量
3. 420 ÷ 100 = 4.2　　4.2 × 各項原料% = 各項原料重量　　依題意製作紅龜粿7個
   所以420（紅豆餡總重）÷ 7 = 60 g…紅豆餡每個重量　而皮：餡 = 3：2，皮 / 60 = 3 / 2
   因此皮 = 90 g……漿糰皮每個重量　　90 × 7 = 630 g……皮實際所需總重
   所以819.4 − 630 = 189.4……皮漿糰剩餘重量

PS: 100為圓糯米粉原料之百分比（%）

計算重點

本試題因無規定紅龜粿每個的重量，且又必須符合皮：餡＝3：2，因此是要先以紅豆餡的總重量除以紅龜粿的總個數來作為計算，而所剩餘漿糰皮的重量，則必須先詢問評鑑人員是否要連同成品一起繳回評分，所以一定要注意正確的來取量。

製成率

$$製成率 = \frac{成品總淨重（熟）}{原料總淨重（生）} \times 100\%$$

製作步驟

將細砂糖先加入鋼盆內的水中，用打蛋器攪拌至完全溶解。

把圓糯米粉倒入攪拌缸內之後再加入紅色素。

使用鉤狀拌打器開慢速後加入糖水攪拌。

攪拌至漿糰呈現粉紅色之光滑狀。

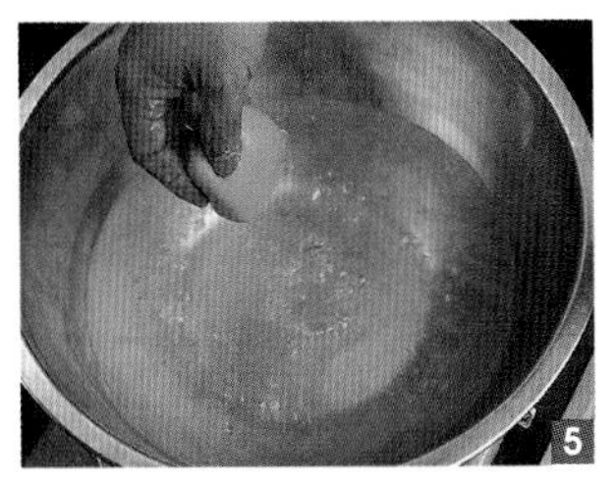

取漿糰總重量的10％壓扁後投入沸水中煮熟成粿粹。

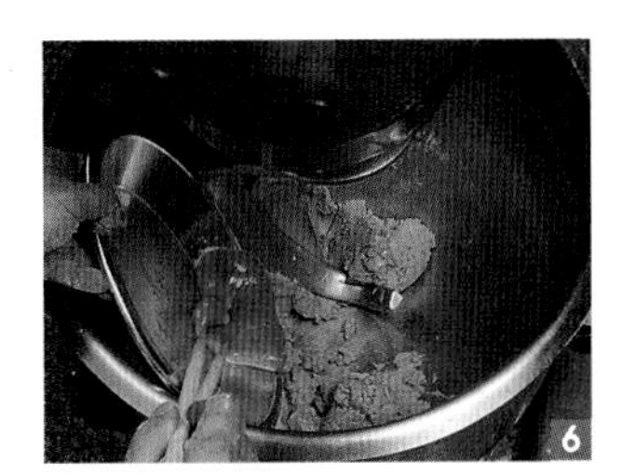

將粿粹加入原來的漿糰之中再攪拌成光亮狀。

移至桌面上分割紅龜粿糰秤出至所需要的重量。

紅豆沙餡也需秤重分割好之後，再將粿糰四周圍旁壓成扁薄狀。

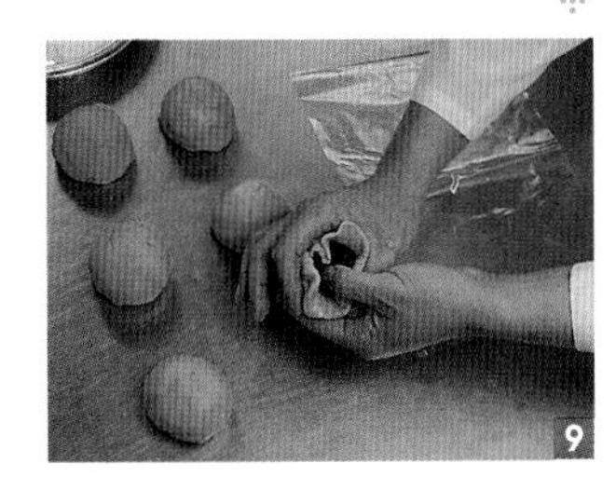

粿糰放於左手的虎口上，右手取紅豆餡壓包入內。

把已包餡好的粿糰抹上一層厚的沙拉油放入紅龜印模內壓平整，倒扣脫模後再移至蒸籠內蒸炊。

PROCEDURE

說　　明　　題　　目

湯圓

漿粿（粉）類——一般漿糰型

095-303D

一、以糯米粉為主原料，加水調製成漿糰，經包餡整成圓形後煮熟之產品。

二、可使用攪拌機製作漿糰。

1. 以圓糯米粉500公克，製作湯圓35個（皮：餡＝5：2），並取出10個煮熟後評分。
2. 以圓糯米粉530公克，製作湯圓37個（皮：餡＝5：2），並取出10個煮熟後評分。
3. 以圓糯米粉560公克，製作湯圓39個（皮：餡＝5：2），並取出10個煮熟後評分。

備註：以生產工廠設備應考時，製作數量按設備需求配合，但不可以低於本表所列數量。

【大師語錄】

一、將配方之中的圓糯米粉倒入攪拌缸內後在加入油和水時必須要使用慢速，否則粉狀原料會飛揚出外來，待攪拌至形成碎糰狀時可改為中速，再繼續攪拌至漿糰呈現略光滑之光亮狀。

二、將粿粹投入攪拌缸內在與原來的漿糰攪拌時最好使用中速，這樣可以使原料快速混合均勻且質地才能均勻一致。

三、分割完成之後的湯圓漿糰不要放置室溫之下太久，否則表皮會因風吹而使表面乾裂開來，若沒有馬上要包餡整型時，最好在漿糰上面覆蓋塑膠紙以防止表皮乾燥。

四、湯圓在水中煮時要注意鍋內的水一定要充足，最好加水至鍋中的6~7分滿，水煮的時間要視所投入的數量而定，若依技檢所取出的數量來煮熟的時間大約在5~10分鐘左右。

五、包好紅豆餡之後的湯圓在投入鍋中水煮時，水必須是要沸騰的狀態，在加入湯圓待浮起之後則要加入冷水，等待水再次沸騰一直重覆動作約2~3次，這樣才能使湯圓的表皮才不致於煮至破裂開來而造成漏餡的現象。

DESCRIPTION　　SUBJECT

湯圓製作配方表

	原　料　名　稱	百分比（%）	35 個（g）	37 個（g）	39 個（g）
皮	圓糯米粉	100	500	530	560
	沙拉油	6	30	31.8	33.6
	水	70	350	371	392
	小計	176	880	932.8	985.6
餡	紅豆餡	100	500	530	560
	合計	276	1380	1462.8	1545.6

計算

1. 500 ÷ 100 ＝ 5.0　　5.0 × 各項原料% ＝ 各項原料重量　　依題意製作湯圓 35 個
所以 880（漿糰皮總重）÷ 35 ≒ 25 g…漿糰皮每個重量　而皮：餡＝ 5 ： 2 ，25 ／餡＝ 5 ／ 2
因此餡＝ 10 g……紅豆餡每個重量　　10 × 35 ＝ 350 g……餡實際所需總重
所以 500 － 350 ＝ 150 g……紅豆餡剩餘重量

2. 530 ÷ 100 ＝ 5.3　　5.3 × 各項原料% ＝ 各項原料重量　　依題意製作湯圓 37 個
所以 932.8（漿糰皮總重）÷ 37 ≒ 25 g…漿糰皮每個重量　而皮：餡＝ 5 ： 2 ，25 ／餡＝ 5 ／ 2
因此餡＝ 10 g……紅豆餡每個重量　　10 × 37 ＝ 370 g……餡實際所需總重
所以 530 － 370 ＝ 160 g……紅豆餡剩餘重量

3. 560 ÷ 100 ＝ 5.6　　5.6 × 各項原料% ＝ 各項原料重量　　依題意製作湯圓 39 個
所以 985.6（漿糰皮總重）÷ 39 ≒ 25 g…漿糰皮每個重量　而皮：餡＝ 5 ： 2 ，25 ／餡＝ 5 ／ 2
因此餡＝ 10 g……紅豆餡每個重量　　10 × 39 ＝ 390 g……餡實際所需總重
所以 560 － 390 ＝ 170 g……紅豆餡剩餘重量

PS: 100 為圓糯米粉原料之百分比（%）

計算重點

本試題因無規定湯圓每個的重量，且又必須符合皮：餡＝ 5 ： 2 ，因此是要先以漿糰皮的總重量除以湯圓的總個數來作計算，而所剩餘紅豆餡的重量，則必須先詢問監評人員是否要連同成品一起繳回評分，所以一定要注意正確的來取量。

製成率

$$製成率 = \frac{成品總淨重（熟）}{原料總淨重（生）} \times 100\%$$

製作步驟

1 攪拌缸中倒入圓糯米粉之後再加入沙拉油、水。

2 裝上鉤狀拌打器，先開慢速攪拌後再改成中速攪拌成糰。

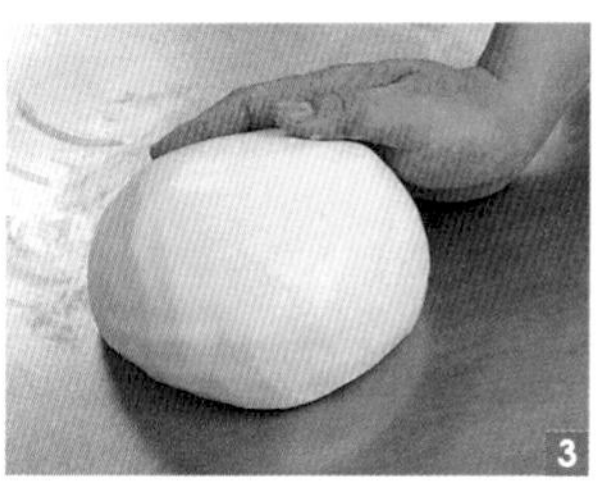

3 攪拌至漿糰之外表呈現光滑之光亮狀時即可。

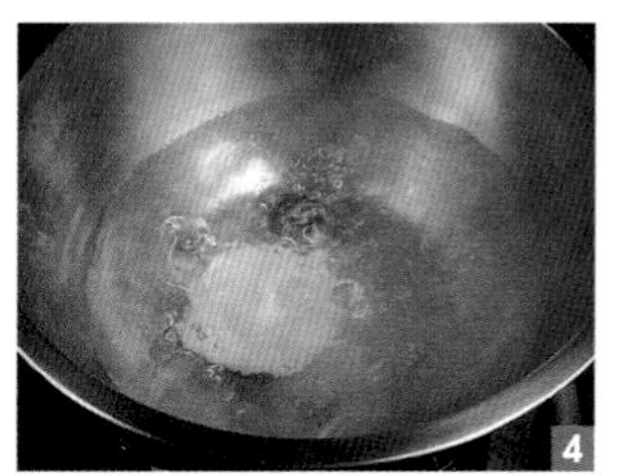

4 取漿糰總重的10％投入沸水中煮熟做成粿粹。

5 將粿粹加入攪拌缸之中再與原來的漿糰攪拌均勻。

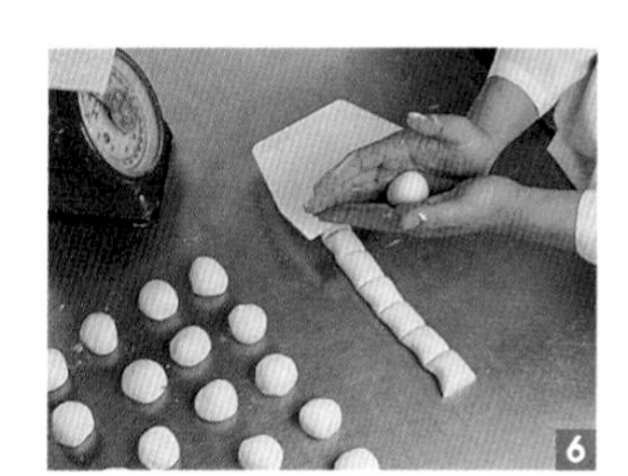

6 完成後移至桌面上，分割秤取出所需要的重量後滾圓。

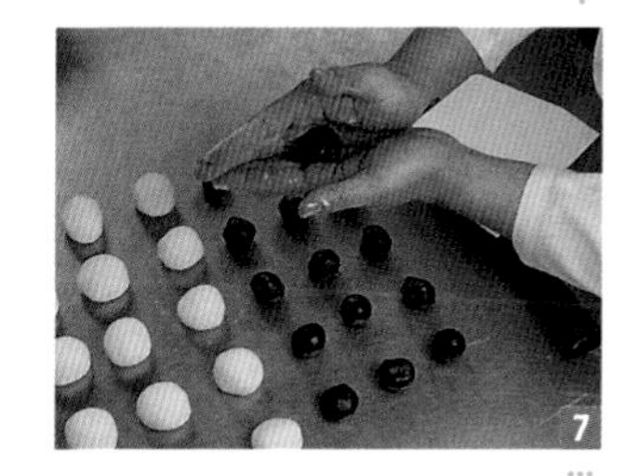

7 紅豆沙餡先搓成條狀，再分割秤至所需的重量之後滾圓。

8 漿糰壓扁放在左虎口上，再用右手取紅豆餡壓包入內後再把收口處捏緊。

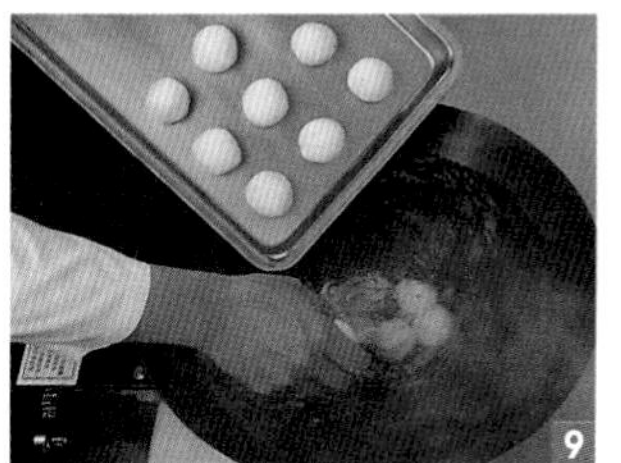

9 再把包完餡之後的湯圓投入鍋內已煮滾沸騰的水中。

10 待湯圓已煮至浮起時，再加入冷水煮沸反覆動作約2~3次至熟透。

PROCEDURE

RICE

說明 **題目**

米苔目

漿粿(粉)類—一般漿糰型 095-304D

一、以在來米粉為主原料，加水調製成漿糰，利用米苔目擠壓機（板），將漿糰擠入熱水中煮熟之產品
二、可使用攪拌機製作漿糰。

1. 以在來米粉800公克，製作米苔目一批。
2. 以在來米粉900公克，製作米苔目一批。
3. 以在來米粉1000公克，製作米苔目一批。

備註：以生產工廠設備應考時，製作數量按設備需求配合，但不可以低於本表所列數量。

【大師語錄】

一、製作米苔目之漿糰時要採用燙麵法，先量取配方中總水量80％的水加熱煮至沸騰沖入在來米粉中攪拌再加入番薯粉之後再加入剩餘20％的冷水攪拌成光滑漿糰。
二、在剛開始加入沸水攪拌在來米粉時要使用鉤狀拌打器，先開慢速待燙完粉之後接著加入番薯粉和冷水最後再改成中速攪拌均勻成米漿糰。
三、攪拌完成的米苔目漿糰放入擠絲機，擠壓出細長條之後量取約10~15公分的長度來切斷，不要擠太長會影響煮熟的程度和時間。
四、生米苔目條入鍋內用中火水煮約10~15分鐘至表面路有透明狀且浮起時就可以了，撈出之後要立刻的沖入冷開水這樣口感才會Q且有咬勁。
五、冷卻降溫之後的米苔目要加入少許的沙拉油，因為是屬於熟食所以手要戴上衛生手套來抓勻，這樣才不會當在放置較久些時因此黏合住而分不開來。

DESCRIPTION SUBJECT

米苔目製作配方表

095-304D
漿粿（粉）類—一般漿糰型

原　料　名　稱	百分比（%）	1批（g）	1批（g）	1批（g）
在來米粉	100	800	900	1000
蕃薯粉	20	160	180	200
水	80	640	720	800
合計	200	1600	1800	2000

計算

1. 800 ÷ 100 = 8.0
   8.0 × 各項原料% = 各項原料重量
2. 900 ÷ 100 = 9.0
   9.0 × 各項原料% = 各項原料重量
3. 1000 ÷ 100 = 10.0
   10.0 × 各項原料% = 各項原料重量

PS: 100為在來米粉原料之百分比（%）

製成率

$$製成率 = \frac{成品總淨重（熟）}{原料總淨重（生）} \times 100\%$$

製作步驟

1. 將所有的原料備妥之後置於桌上備用。

2. 把配方中水的 80 ％放入鋼盆中煮至沸騰的狀態。

3. 沸水趁熱時，立刻沖倒入攪拌缸內的在來米粉之中。

4. 緊接著立即加入番薯粉攪拌均勻。

5. 再加入其餘 20 ％的冷水繼續用慢速攪拌。

6. 攪拌混合均勻直至形成漿糰狀。

7. 攪拌至漿糰的表面成為光滑之光亮狀。

8. 把米苔目漿糰放入擠壓機內後，壓出成細長條狀之後，再投入水滾沸騰的鍋中煮熟。

9. 待全部浮起且呈現略透明之熟化狀態時，撈出之後，立刻沖入冷開水冷卻。

10. 手戴衛生手套，將沙拉油倒入米苔目之中抓均勻之後即成。

PROCEDURE

說明　題目

一、以米穀粉為主原料，先製成漿糰，經包餡、整型、蒸熟之產品。
二、可使用攪拌機製作漿糰。

菜包粿

漿粿(粉)類—一般漿糰型
095-305D

1. 以糯米粉500公克製作菜包粿15個（每個重90公克，皮：餡＝2：1）。
2. 以糯米粉540公克製作菜包粿16個（每個重90公克，皮：餡＝2：1）。
3. 以糯米粉570公克製作菜包粿17個（每個重90公克，皮：餡＝2：1）。

備註：以生產工廠設備應考時，製作數量按設備需求配合，但不可以低於本表所列數量。

【大師語錄】

一、蘿蔔絲若太長時，可在清洗完泡水去除鹹味之後放在砧板上用刀橫切成小段，以利在包餡時能順利的包入漿糰之中。
二、蝦米若太大隻時，在洗淨泡水後要取出放在砧板上用刀橫切成碎粒狀，否則會當在包餡時容易刺穿漿糰而使粿糰的表面破裂開來。
三、漿糰在分割秤重完之後，可在桌面鋪上一張透明的塑膠紙再把粿糰往紙上壓扁，並且將邊緣削薄之後再舀取餡料包入內。
四、包完餡料之後的粿糰要用薄油稍抹沾一下再搓滾成圓形，才不致於因黏手而將表面搓滾至破皮，且在蒸炊後其外觀能具有較佳的光澤。
五、沿著粿糰的中心用手指壓捏而形成高凸的摺線後，並在底部鋪上蒸烤紙再放入蒸籠之內，用中火蒸炊約10~15分鐘。

DESCRIPTION　SUBJECT

菜包粿製作配方表

095-305D
漿粿（粉）類——般漿糰型

	原料名稱	百分比（%）	15個（g）	16個（g）	17個（g）
皮	糯米粉	100	500	540	570
	糖粉	20	100	108	114
	水	70	350	378	399
	沙拉油	5	25	27	28.5
	合計	195	975	1053	1111.5
餡	蘿蔔絲（脫水）	100	310	340	360
	蝦米	5	15.5	17	18
	沙拉油	10	31	34	36
	味精	1	3.1	3.4	3.6
	食鹽	1	3.1	3.4	3.6
	豬肉	30	93	102	108
	胡椒粉	0.5	1.6	1.7	1.8
	合計	147.5	457.3	501.5	531

計算

1. 500 ÷ 100 = 5.0　5.0 × 各項原料% = 各項原料重量　依題意製作菜包粿 15 個
   因每個重 90 g，而皮：餡 = 2：1，90 ÷ 3 = 30 g　所以餡 = 30 g......內餡每個重量
   皮 = 2 × 30 = 60 g……漿糰皮每個重量　30 × 15 = 450 g……餡實際所需總重
   450 ÷ 0.97（秤量容差 3%）÷ 147.5（餡百分比合計）= 3.1　3.1 × 餡各項原料% = 餡各項原料重量
2. 540 ÷ 100 = 5.4　5.4 × 各項原料% = 各項原料重量　依題意製作菜包粿 16 個
   因每個重 90 g，而皮：餡 = 2：1，90 ÷ 3 = 30 g　所以餡 = 30 g......內餡每個重量
   皮 = 2 × 30 = 60 g……漿糰皮每個重量　30 × 16 = 480 g……餡實際所需總重
   480 ÷ 0.97（秤量容差 3%）÷ 147.5（餡百分比合計）= 3.4　3.4 × 餡各項原料% = 餡各項原料重量
3. 570 ÷ 100 = 5.7　5.7 × 各項原料% = 各項原料重量　依題意製作菜包粿 17 個
   因每個重 90 g，而皮：餡 = 2：1，90 ÷ 3 = 30 g　所以餡 = 30 g......內餡每個重量
   皮 = 2 × 30 = 60 g……漿糰皮每個重量　30 × 17 = 510 g……餡實際所需總重
   510 ÷ 0.97（秤量容差 3%）÷ 147.5（餡百分比合計）= 3.6　3.6 × 餡各項原料% = 餡各項原料重量

PS: 100 為糯米粉原料之百分比（%）

製成率

$$\text{製成率} = \frac{\text{成品總淨重（熟）}}{\text{原料總淨重（生）}} \times 100\%$$

製作步驟

蘿蔔絲乾先洗淨泡水過之後，再橫切成短條狀。

蝦米洗淨泡酒水後再橫切成碎粒狀。

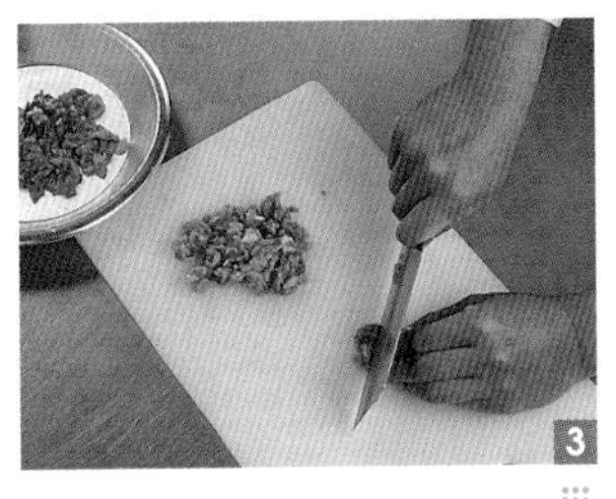

將豬肉先切小丁再剁碎成為絞肉狀。

起油鍋先爆香蝦米、蘿蔔絲乾後，再加入絞肉和調味料一起拌炒。

取10％的粿粹加入原來的漿糰中攪拌成光滑狀。

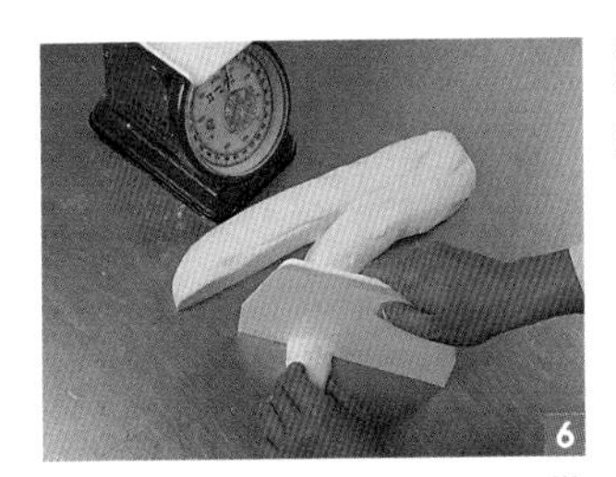

取出移到桌面上，分割秤重至所需要的重量。

把漿糰滾圓之後壓扁包入餡料。

包完餡後再用雙手將粿糰搓滾成圓形。

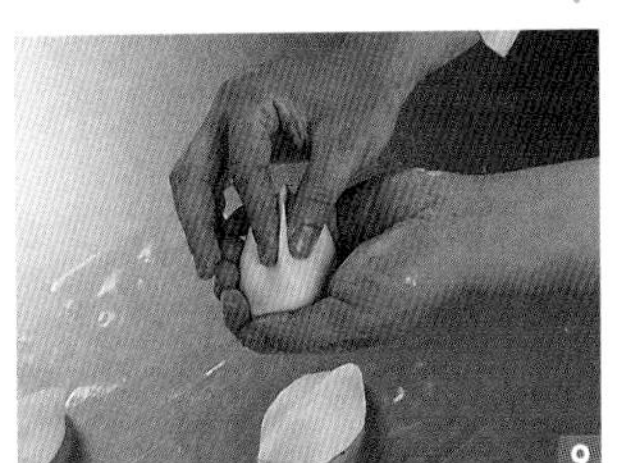

沿著粿糰的中心線用手指捏壓，而形成高凸的摺線。

再繼續包入餡料至技檢所規之數量後由中間捏出摺線。

說　明　　題　目

以內餡沾滾糯米粉，完成後取部分放入沸水中煮熟之產品。

1. 以圓糯米粉 1000 公克製作元宵 20 個（每個重量 30 公克，皮：餡＝2：1），取出 10 個煮熟。
2. 以圓糯米粉 1000 公克製作元宵 23 個（每個重量 30 公克，皮：餡＝2：1），取出 10 個煮熟。
3. 以圓糯米粉 1000 公克製作元宵 25 個（每個重量 30 公克，皮：餡＝2：1），取出 10 個煮熟。

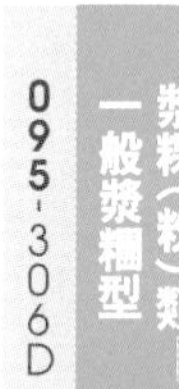

【大師語錄】

一、在攪拌內餡原料時，要使用槳狀拌打器且要開慢速否則粉狀原料會因此而飛揚散開出來，以致於無法拌成均勻之糰狀。

二、攪拌好之後的內餡，在放入冷凍盤內時記得要塗抹均勻一層薄沙拉油，這樣才能在剛從冷凍庫中取出時較易脫模，注意也不可以塗太厚，否則也會在浸水沾粉時不易沾裹住粉。

三、竹答內放入外皮配方中的粉原料時，記得要先混合在一起過篩之後再加入竹答之中，這樣才能使內餡在沾裹粉時才能均勻。

四、搖晃竹答時要上下左右的搖滾，使內餡能均勻的沾黏住粉後放到漏杓中再浸入水中沾濕之後，且一直重覆操作至所規定元宵的重量為止。

五、加入鍋中煮元宵的水要先用大火，待水滾開沸騰後改為中火投入元宵煮至浮起時，再加入冷水一直反覆操作 2~3 次左右大約 5~10 分鐘至熟。

DESCRIPTION　　SUBJECT

元宵製作配方表

	原料名稱	百分比（%）	20個（g）	23個（g）	25個（g）
皮	糯米粉	100	1000	1000	1000
	太白粉	10	100	100	100
	合計	110	1100	1100	1100
餡	黑芝麻粉	100	120	140	150
	豬油	20	24	28	30
	糖粉	30	36	42	45
	糕仔粉	20	24	28	30
	合計	170	204	238	255

備註：外皮與內餡須分開計算，餡不可剩。

計算

1. 1000 ÷ 100 = 10　　10 ×皮各項原料%＝皮各項原料重量　　依題意製作元宵 20 個
因每個重 30 g，而皮：餡＝ 2 ： 1，30 ÷ 3 = 10 g　　所以餡＝ 10 g......內餡每個重量
外皮＝ 2 × 10 = 20 g……漿糰皮每個重量　　10 × 20 = 200 g……餡實際所需總重
200 ÷ 0.97（秤量容差 3％）÷ 170（餡百分比合計）= 1.2
1.2 ×餡各項原料%＝餡各項原料重量
2. 1000 ÷ 100 = 10　　10 ×皮各項原料%＝皮各項原料重量　　依題意製作元宵 23 個
因每個重 30 g，而皮：餡＝ 2 ： 1，30 ÷ 3 = 10 g　　所以餡＝ 10 g......內餡每個重量
外皮＝ 2 × 10 = 20 g……漿糰皮每個重量　　10 × 23 = 230 g……餡實際所需總重
230 ÷ 0.97（秤量容差 3％）÷ 170（餡百分比合計）= 1.4
1.4 ×餡各項原料%＝餡各項原料重量
3. 1000 ÷ 100 = 10　　10 ×皮各項原料%＝皮各項原料重量　　依題意製作元宵 25 個
因每個重 30 g，而皮：餡＝ 2 ： 1，30 ÷ 3 = 10 g　　所以餡＝ 10 g......內餡每個重量
外皮＝ 2 × 10 = 20 g……漿糰皮每個重量　　10 × 25 = 250 g……餡實際所需總重
250 ÷ 0.97（秤量容差 3％）÷ 170（餡百分比合計）= 1.5
1.5 ×餡各項原料%＝餡各項原料重量

PS: 100 為糯米粉原料之百分比（%）

製成率

$$製成率 = \frac{成品總淨重（熟）}{原料總淨重（生）} \times 100\%$$

RECIPE

製作步驟

配方中內餡的原料準備好置於桌上備用。

將餡心的原料倒入攪拌缸之內開始攪拌時，再加入糖水慢慢調整使其成為餡糰。

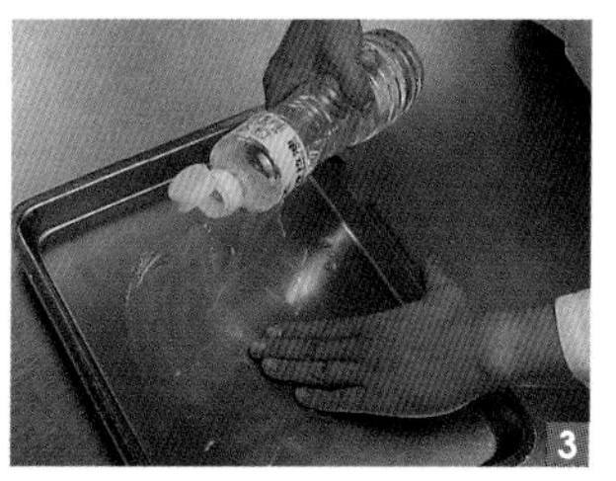

不鏽鋼盤內塗抹均勻一層薄的沙拉油。

把已攪拌好的內餡放入盤中並壓紮實平整。

移至冷凍庫中冰凍約60分鐘後，取出切割至所需要的重量後，整型成有如骰子之顆粒狀，再放入冷凍冰成硬塊。

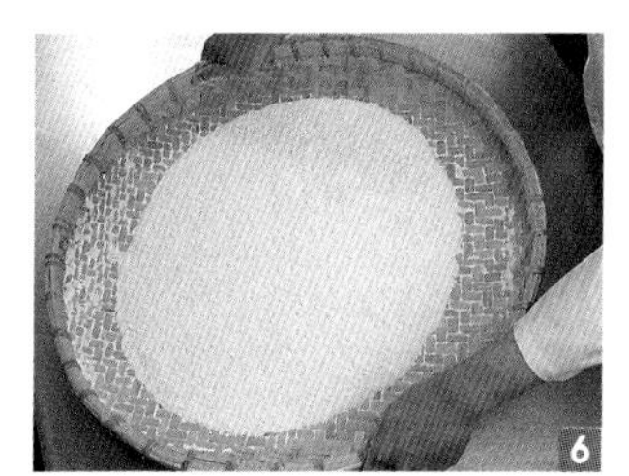

竹笞內加入混合在一起過篩之後的糯米粉、太白粉。

將已秤重分割好冰凍成顆粒的內餡放於漏杓內，再浸入水中。

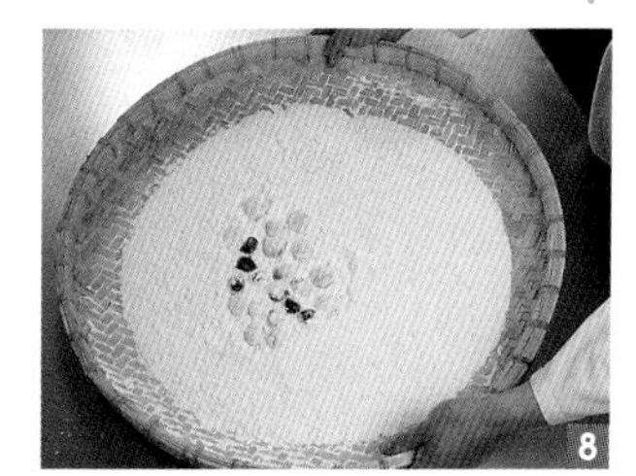

放入竹笞內和混合的糯米粉、太白粉搖滾沾裹上粉。

再放入於漏杓之中後浸入水中沾濕立即離水，重複的操作數次直至技檢所規定的重量。

待鍋中的水煮至沸騰，改為中火放入已沾裹完成的元宵，煮至浮起，再加入冷水並重覆上述之動作至熟。

麻糬

說　明

一、以糯米粉為主原料，先製成熟漿糰，再經適當攪拌後，包餡整型成圓形之產品。
二、可使用攪拌機等機械製作。

題　目

1. 以糯米粉300公克製作麻糬16個（每個重量約50公克，皮：餡＝3：2）。
2. 以糯米粉330公克製作麻糬18個（每個重量約50公克，皮：餡＝3：2）。
3. 以糯米粉360公克製作麻糬20個（每個重量約50公克，皮：餡＝3：2）。

備註：以生產工廠設備應考時，製作數量按設備需求配合，但不可以低於本表所列數量。

【大師語錄】

一、蒸盤內只要抹上薄薄的一層沙拉油即可，不可塗抹太厚以免蒸好的麻糬太過於油膩，蒸好時使用硬質塑膠板直接刮取出加入已用熱水浸燙過的攪拌缸之內即可。
二、在蒸炊麻糬漿糰時可使用大火蒸約15~20分鐘，也不可以蒸太久，會造成漿糰因吸水過多而形成軟黏且不易來整型。
三、已蒸好的麻糬因為是熟食，所以在取出加入攪拌缸時所接觸到的器皿、工具都要事先用沸水浸泡做熱水殺菌處理，而手部則是要戴上衛生手套才能來操作。
四、蒸好的麻糬放入攪拌缸中則要使用鉤狀拌打器，再開中速攪拌降溫至冷卻且有拍打聲之彈性時才能停機。
五、炒鍋要先清洗乾淨，再移至爐上用小火烘乾殘留的水份之後才能加入太白粉炒熟，中途要不斷用鍋鏟上下的翻炒，若太白粉的顏色已開始變成褐色時記得要趕快熄火以免炒焦。

DESCRIPTION　　SUBJECT

糰糬製作配方表

原料名稱		百分比（%）	16個（g）	18個（g）	20個（g）
皮	糯米粉	100	300	330	360
	細砂糖	30	90	99	108
	麥芽糖漿	10	30	33	36
	水	80	240	264	288
	油	8	24	26.4	28.8
	合計	228	684	752.4	820.8
餡	紅豆沙	100	330	370	410
	合計	100	330	370	410

計算

1. 300 ÷ 100 = 3.0　3.0 × 皮各項原料% = 皮各項原料重量　依題意製作糰糬16個
因每個重50 g，而皮：餡 = 3：2，50 ÷ 5 = 10 g　所以餡 = 20 g......內餡每個重量
皮 = 10 × 3 = 30 g……漿糰皮每個重量　20 × 16 = 320 g……餡實際所需總重
320 ÷ 0.97（秤量容差3%）÷ 100（餡百分比合計）= 3.3
3.3 × 餡各項原料% = 餡各項原料重量
2. 330 ÷ 100 = 3.3　3.3 × 皮各項原料% = 皮各項原料重量　依題意製作糰糬18個
因每個重50 g，而皮：餡 = 3：2，50 ÷ 5 = 10 g　所以餡 = 20 g......內餡每個重量
皮 = 10 × 3 = 30 g……漿糰皮每個重量　20 × 18 = 360 g……餡實際所需總重
360 ÷ 0.97（秤量容差3%）÷ 100（餡百分比合計）= 3.7
3.7 × 餡各項原料% = 餡各項原料重量
3. 360 ÷ 100 = 3.6　3.6 × 皮各項原料% = 皮各項原料重量　依題意製作糰糬20個
因每個重50 g，而皮：餡 = 3：2，50 ÷ 5 = 10 g　所以餡 = 20 g......內餡每個重量
皮 = 10 × 3 = 30 g……漿糰皮每個重量　20 × 20 = 400 g……餡實際所需總重
400 ÷ 0.97（秤量容差3%）÷ 100（餡百分比合計）= 4.1
4.1 × 餡各項原料% = 餡各項原料重量

PS: 100為糯米粉原料之百分比（%）

製成率

$$製成率 = \frac{成品總淨重（熟）}{原料總淨重（生）} \times 100\%$$

製作步驟

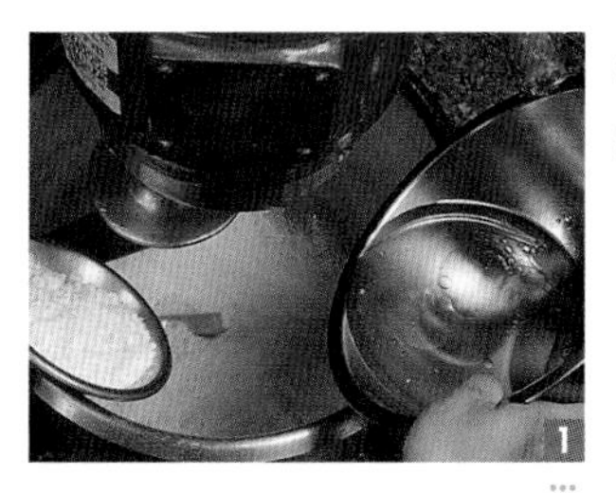

將所有的原料一起加入攪拌缸中先用慢速拌勻。

再改成中速攪拌至呈現略光滑且光亮的漿糰之後取出。

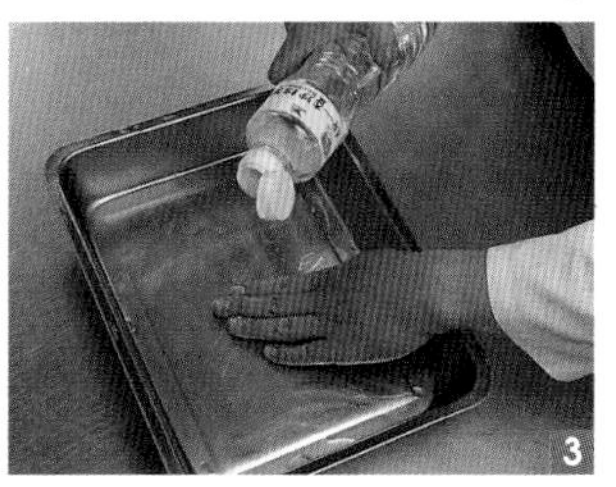

蒸盤內塗抹均勻一層薄薄的沙拉油。

把攪拌完成的漿糰鋪放壓入盤中。

放入蒸籠內蓋上蓋子，用大火蒸約 15~20 分鐘。

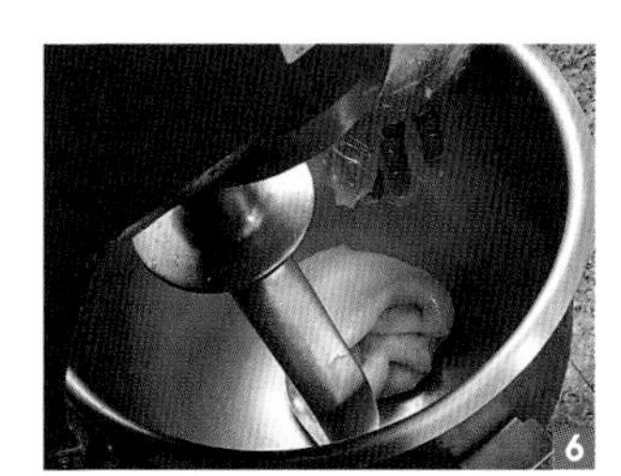

將蒸好的糲糬加入攪拌缸之中，用中速攪拌至冷卻。

取出分割秤重至所規定的重量。

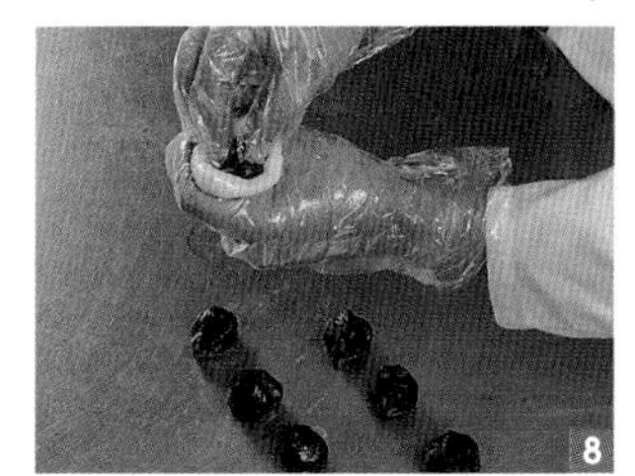

壓扁後移至左手虎口上，右手取紅豆沙餡壓包入內。

炒鍋洗淨先開小火烘乾之後再加入太白粉炒熟。

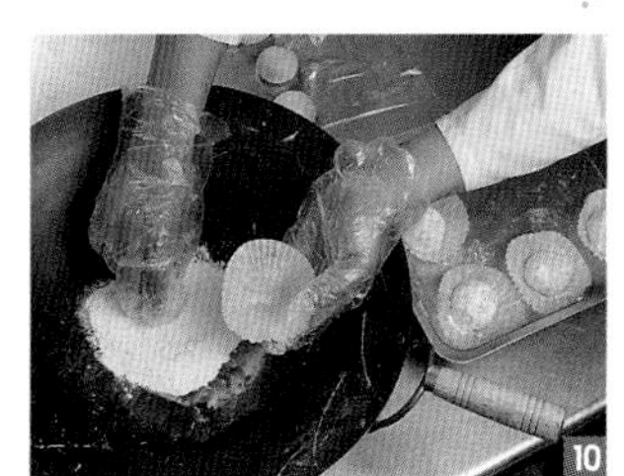

再將已包完餡的糲糬滾沾熟太白粉後置於墊紙之上。

PROCEDURE

一、以糯米粉為主原料，製成粉漿，倒入模內，經蒸熟之產品。
二、可使用攪拌機等機械製作。

甜年糕

漿粿(粉)類—一般漿糰型
095-308D

1. 以糯米粉450公克製作甜年糕3個。
2. 以糯米粉500公克製作甜年糕3個。
3. 以糯米粉600公克製作甜年糕4個。

備註：以生產工廠設備應考時，製作數量按設備需求配合，但不可以低於本表所列數量。

【大師語錄】

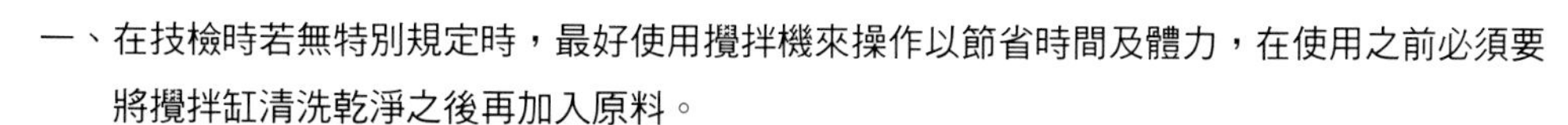

一、在技檢時若無特別規定時，最好使用攪拌機來操作以節省時間及體力，在使用之前必須要將攪拌缸清洗乾淨之後再加入原料。
二、考場若有提供二砂糖時，可代替配方之中的細砂糖來使用才能使年糕具有如蜂蜜之風味且成品外觀的顏色也較佳。
三、在蒸年糕時必須要開大火且蒸籠蓋不要蓋緊，要保留一個小隙縫以免年糕的表面產生皺縮的現象而使外表不佳。
四、因年糕的配方之中水的含量較多，所以在蒸炊的時間要久一點，且擺放上蒸籠時要放在最下層以利加快蒸熟。
五、蒸炊到時間將至時要打開蒸籠蓋，使用細的長竹籤插進年糕的中央之處後，抽出檢視是否還殘留有生粉糊以判斷其熟度。

甜年糕製作配方表

095-308D
漿粿（粉）類－－般漿糰型

原料名稱		百分比（%）	3個（g）	3個（g）	4個（g）
皮	糯米粉	100	450	500	600
	細砂糖	90	405	450	540
	水	80	360	400	480
	沙拉油	10	45	50	60
	合計	280	1260	1400	1680

計算

1. 450 ÷ 100 ＝ 4.5
   4.5 ×各項原料%＝各項原料重量
2. 500 ÷ 100 ＝ 5
   5 ×各項原料%＝各項原料重量
3. 600 ÷ 100 ＝ 6
   6 ×各項原料%＝各項原料重量

PS: 100為糯米粉原料之百分比（%）

計算重點

各項原料重量合計／個數＝分量時每個所需重量

1. 1260 ÷ 3 ＝ 420 g ／個
2. 1400 ÷ 3 ＝ 466 g ／個
3. 1680 ÷ 4 ＝ 420 g ／個

製成率

$$製成率＝\frac{成品總淨重（熟）}{原料總淨重（生）}\times 100\%$$

製作步驟

將所有的原料準備好放置於桌上備用。

把水倒入攪拌缸中後，再加入砂糖攪拌至完全溶解。

接著再把糯米粉加入攪拌均勻。

最後再加入沙拉油拌至完全均勻。

模內先抹上少許的水之後，再鋪放入已剪裁好的保鮮膜。

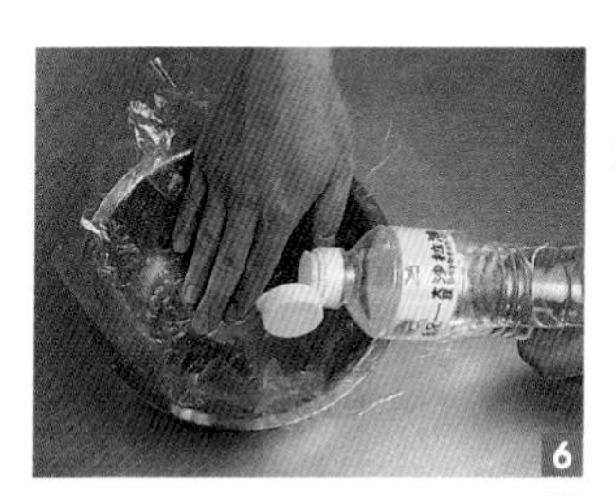

再加入少許的沙拉油塗抹均勻於模紙上。

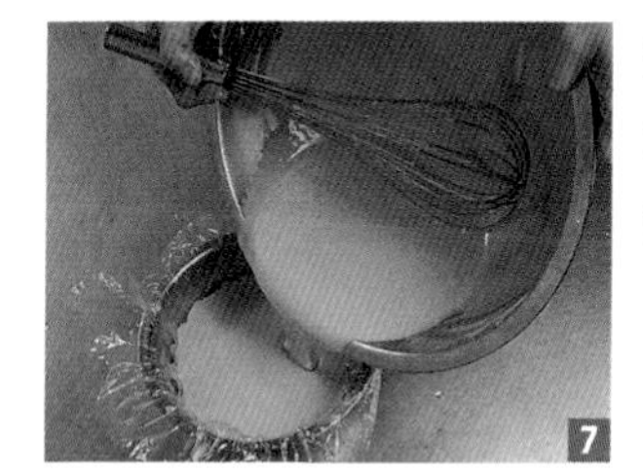

將攪拌缸中的粉漿，先倒出放於鋼盆之中後再倒入模型內。

將蒸籠蓋蓋上使用大火蒸約50~60分鐘。

蒸至預定時間將至時再掀開蓋子，使用細長之竹籤探測中心是否有熟。

蒸至表面已凝固且具有光澤，此時再用竹籤測試已無生粉漿時即可打開蓋子移出籠外。

PROCEDURE

粿粽

一、以糯米粉為主原料，先攪拌成漿糰，包入內餡用粽葉包裹成形，經蒸熟後之產品。

二、可使用攪拌機製作漿糰。

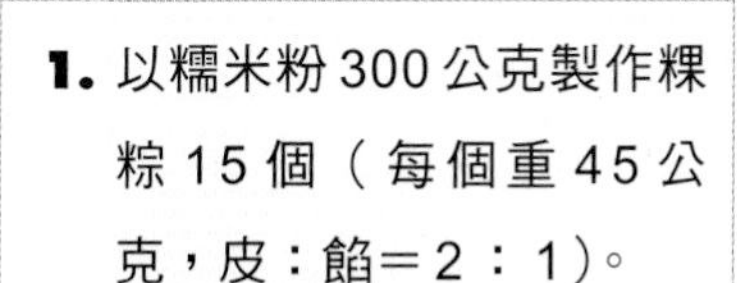

1. 以糯米粉 300 公克製作粿粽 15 個（每個重 45 公克，皮：餡＝2：1）。
2. 以糯米粉 320 公克製作粿粽 16 個（每個重 45 公克，皮：餡＝2：1）。
3. 以糯米粉 360 公克製作粿粽 18 個（每個重 45 公克，皮：餡＝2：1）。

備註：以生產工廠設備應考時，製作數量按設備需求配合，但不可以低於本表所列數量。

【大師語錄】

一、細砂糖一定要先加入水中溶化至看不到糖的顆粒為止，若無完全溶解則會因殘留在漿粿之中而容易穿破麵皮。

二、糯米粉、麵粉最好是先混合過之後再過篩，這樣才可以使粉狀的原料能完全均勻的分佈在一起。

三、粿糰在壓扁時手上最好沾上一點薄油或戴上塑膠手套，將漿糰放在左手的掌心內拱成弧形之後，右手抓取餡料秤重再壓入內，改用右手虎口把粿皮往上提且同時收緊口之後即成。

四、因粿粽的體積較小，所以要將粽葉一切分為二段之後，再取同一片之中的前後段二片上下交錯相疊，再往中央處捲起對摺成為捲筒之形狀。

五、將已包餡好的粿糰沾上一層薄油後放入粽葉之中再用綿繩綑綁略緊，不要綁太緊以免影響漿糰的膨脹，沾薄油在表面的目的是要使蒸好的粿粽容易與粽葉分開來。

粿粽製作配方表

095-309D
漿粿（粉）類—一般漿糰型

原料名稱		百分比（%）	15個（g）	16個（g）	18個（g）
漿糰	糯米粉	100	300	320	360
	低筋麵粉	10	30	32	36
	細砂糖	10	30	32	36
	水	70	210	224	252
	合計	190	570	608	684
餡	豬肉	20	48	52	58
	蘿蔔乾	60	144	156	174
	蝦米	5	12	13	14.5
	食鹽	1	2.4	2.6	2.9
	味精	1	2.4	2.6	2.9
	沙拉油	5	12	13	14.5
	醬油	3	7.2	7.8	8.7
	白胡椒粉	1	2.4	2.6	2.9
	合計	96	230.4	249.6	278.4

計算

1. 300 ÷ 100 = 3.0　3.0 ×漿糰各項原料%＝漿糰各項原料重量　依題意製作粿粽 15 個
   因每個重 45 g，而皮：餡＝2：1，45 ÷ 3 = 15 g　所以餡＝ 15 g......內餡每個重量
   皮＝2 × 15 = 30 g……漿糰每個重量　15 × 15 = 225 g……餡實際所需總重
   225 ÷ 0.97（秤量容差 3%）÷ 96（餡百分比合計）＝ 2.4　2.4 ×餡各項原料%＝餡各項原料重量
2. 320 ÷ 100 = 3.2　3.2 ×漿糰各項原料%＝漿糰各項原料重量　依題意製作粿粽 16 個
   因每個重 45 g，而皮：餡＝2：1，45 ÷ 3 = 15 g　所以餡＝ 15 g......內餡每個重量
   皮＝2 × 15 = 30 g……漿糰每個重量　15 × 16 = 240 g……餡實際所需總重
   240 ÷ 0.97（秤量容差 3%）÷ 96（餡百分比合計）＝ 2.6　2.6 ×餡各項原料%＝餡各項原料重量
3. 360 ÷ 100 = 3.6　3.6 ×漿糰各項原料%＝漿糰各項原料重量　依題意製作粿粽 18 個
   因每個重 45 g，而皮：餡＝2：1，45 ÷ 3 = 15 g　所以餡＝ 15 g......內餡每個重量
   皮＝2 × 15 = 30 g……漿糰每個重量　15 × 18 = 270 g……餡實際所需總重
   270 ÷ 0.97（秤量容差 3%）÷ 96（餡百分比合計）＝ 2.9　2.9 ×餡各項原料%＝餡各項原料重量

PS: 100 為糯米粉原料之百分比（%）

製成率

$$\text{製成率} = \frac{\text{成品總淨重（熟）}}{\text{原料總淨重（生）}} \times 100\%$$

製作步驟

將細砂糖溶於水中直到糖的顆粒完全溶解。

將糯米粉、麵粉混合在一起放入篩網中過篩。

再把水和混合過篩後的糯米粉、麵粉一起倒入攪拌缸內。

裝上鉤狀拌打器，先用慢速略拌後，再改成中速將漿糰攪拌至光滑之光亮狀。

起油鍋將所有的餡料拌炒均勻至七、八熟。

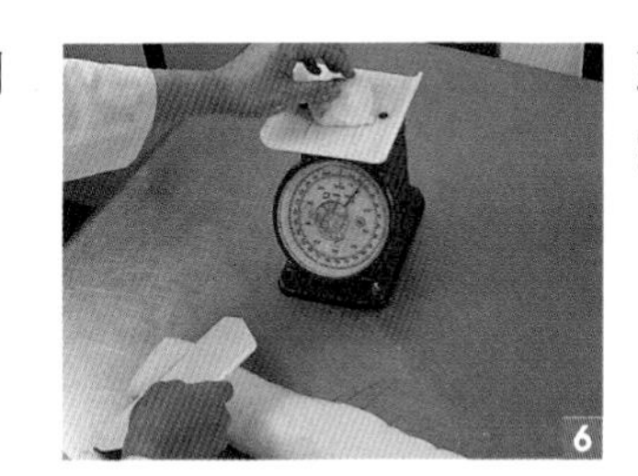

取出漿糰置於桌上，分割秤出所需要的重量。

將粿糰壓扁放於左手掌上，右手抓取餡料壓包入內。

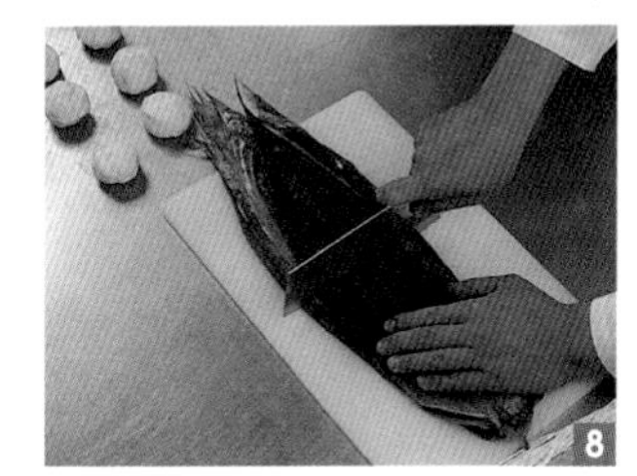

粽葉洗淨浸泡熱水瀝乾之後置於砧板上再用刀一切為兩小段。

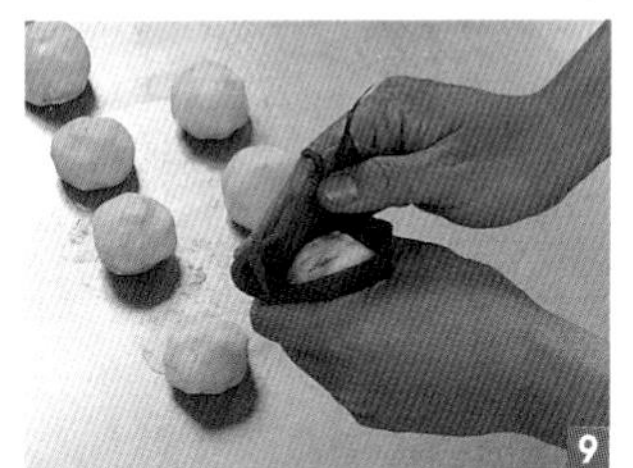

取2張切半粽葉往內對摺有如捲筒狀，再把已包完餡的粿糰放入內往下壓包成三角粽形。

用綿繩將粽葉外圍纏繞1圈綑綁略緊打個活結之後，放入蒸籠之中用中火蒸約 20~25 分鐘。

白米飯製作報告表（095-301A）

應考生姓名：＿＿＿＿＿＿＿＿　准考證號碼：＿＿＿＿＿＿＿＿

原料名稱	百分比（%）	重量（公克）	製作說明
			1.製作流程＿＿＿＿＿＿ ＿＿＿＿＿＿ ＿＿＿＿＿＿ ＿＿＿＿＿＿ 2.米與水的重量比＝＿＿：＿＿。 3.燜飯時間＿＿＿分鐘。 4.產品總重量＿＿＿公克 5.製成率＝產品總重／原料總重×100% ＝＿＿／＿＿×100% ＝＿＿%
合計			

油飯製作報告表（095-302A）

應考生姓名：＿＿＿＿＿＿＿＿　准考證號碼：＿＿＿＿＿＿＿＿

原料名稱	百分比（％）	重量（公克）	製作說明
			1.調配料製作方法：＿＿＿＿＿＿ ＿＿＿＿＿＿＿＿＿＿ ＿＿＿＿＿＿＿＿＿＿ ＿＿＿＿＿＿＿＿＿＿ 2.油飯製作方法：＿＿＿＿＿＿ ＿＿＿＿＿＿＿＿＿＿ ＿＿＿＿＿＿＿＿＿＿ ＿＿＿＿＿＿＿＿＿＿ 3.產品總重量＿＿＿＿公克。 4.製成率＝產品總重／原料總重×100% ＝＿＿＿／＿＿＿×100% ＝＿＿＿%
合計			

筒仔米糕製作報告表（095-303A）

應考生姓名：＿＿＿＿＿＿＿＿ 准考證號碼：＿＿＿＿＿＿＿＿

原料名稱	百分比（％）	重量（公克）	製作說明
			1.調配料製作方法：＿＿＿＿＿＿ ＿＿＿＿＿＿＿＿ ＿＿＿＿＿＿＿＿ ＿＿＿＿＿＿＿＿ 2.米飯製作方法：＿＿＿＿＿＿ ＿＿＿＿＿＿＿＿ ＿＿＿＿＿＿＿＿ ＿＿＿＿＿＿＿＿ 3.產品總重量 ＿＿＿＿ 公克。 4.製成率＝產品總重／原料總重×100% ＝＿＿＿／＿＿＿×100% ＝＿＿＿%
合計			

糯米腸製作報告表（095-304A）

應考生姓名：________________　　准考證號碼：________________

原料名稱	百分比（%）	重量（公克）	製　作　說　明
			1.原料前處理方法：__________ ______________________ ______________________ ______________________ 2.蒸煮方法：______________ ______________________ ______________________ ______________________ 3.蒸煮時間：________分鐘。 4.產品總重量________公克。 5.製成率＝產品總重／原料總重×100% ＝_____／_____×100% ＝_____%
合　計			

台式肉粽製作報告表（095-305A）

應考生姓名：________________ 准考證號碼：____________________

原料名稱	百分比（%）	重量（公克）	製作說明
			1.原料前處理方法：__________ __________ __________ __________ 2.米飯製作：__________ __________ __________ 3.肉粽製作： (1)每個連餡重量約______公克。 (2)蒸煮方法__________。 (3)蒸煮時間約______分鐘。 4.產品總重量______公克。 5.製成率＝產品總重／原料總重×100% ＝____／____×100% ＝____%
合計			

八寶飯製作報告表（095-306A）

應考生姓名：＿＿＿＿＿＿＿＿ 准考證號碼：＿＿＿＿＿＿＿＿

原料名稱	百分比（%）	重量（公克）	製作說明
			1.圓糯米處理：＿＿＿＿＿＿＿＿ ＿＿＿＿＿＿＿＿ ＿＿＿＿＿＿＿＿ ＿＿＿＿＿＿＿＿ 2.蒸煮火力：＿＿＿＿＿＿ 火。 3.蒸煮時間：＿＿＿＿＿＿ 分。 4.產品總重量 ＿＿＿＿＿ 公克。 5.製成率＝產品總重／原料總重×100% ＝＿＿＿／＿＿＿×100% ＝＿＿＿% 4.
合　　計			

八寶粥製作報告表（095-301B）

應考生姓名：________________　准考證號碼：________________

原料名稱	百分比（%）	重量（公克）	製作說明
			1.製作流程：________________ ________________ ________________ ________________ ________________ ________________ 2.產品糖度為________度(Brix)。 3.產品總重量__________公克。 4.製成率＝產品總重／原料總重×100% ＝_____／______×100% ＝_____%
合　　計			

廣東粥製作報告表（095-302B）

應考生姓名：________________　准考證號碼：________________

原料名稱	百分比（％）	重量（公克）	製作說明
			1.粥底製作：________________ ________________ ________________ ________________ 2.粥品製作：________________ ________________ ________________ ________________ 3.產品總重量________公克。 4.製成率＝產品總重／原料總重×100% ＝____／____×100% ＝____%
合　　計			

海鮮粥製作報告表（095-303B）

應考生姓名：________________ 准考證號碼：________________

原料名稱	百分比（％）	重量（公克）	製作說明
			1.粥品製作：________________ ________________ ________________ ________________ 2.製成率＝產品總重／原料總重×100% ＝_____／_____×100% ＝_____%
合計			

發粿製作報告表（095-301C）

應考生姓名：＿＿＿＿＿＿＿＿＿＿　准考證號碼：＿＿＿＿＿＿＿＿＿＿

原料名稱	百分比（％）	重量（公克）	製　作　說　明
			1.米漿調製：＿＿＿＿＿＿＿＿ ＿＿＿＿＿＿＿＿＿＿＿＿ ＿＿＿＿＿＿＿＿＿＿＿＿ ＿＿＿＿＿＿＿＿＿＿＿＿ 2.蒸煮時間約為＿＿＿＿分。 3.蒸煮火力＿＿＿＿火。 4.產品總重量＿＿＿＿公克。 5.製成率＝產品總重／原料總重×100% ＝＿＿／＿＿×100% ＝＿＿％
合　計			

碗粿製作報告表（095-302C）

應考生姓名：＿＿＿＿＿＿＿＿　准考證號碼：＿＿＿＿＿＿＿＿

原料名稱	百分比（%）	重量（公克）	製作說明
			1.米漿調製：＿＿＿＿＿＿＿＿ ＿＿＿＿＿＿＿＿ ＿＿＿＿＿＿＿＿ ＿＿＿＿＿＿＿＿ 2.蒸煮時間約為＿＿＿＿分鐘。 3.蒸煮火力＿＿＿＿火。 4.產品總重量＿＿＿＿公克。 5.製成率＝產品總重／原料總重×100% ＝＿＿／＿＿×100% ＝＿＿%
合計			

蘿蔔糕製作報告表（095-303C）

應考生姓名：＿＿＿＿＿＿＿＿＿＿　准考證號碼：＿＿＿＿＿＿＿＿＿＿

原料名稱	百分比（％）	重量（公克）	製作說明
			1.米漿製作 (1)米漿調製方法：＿＿＿＿＿＿ ＿＿＿＿＿＿＿＿＿＿＿＿ ＿＿＿＿＿＿＿＿＿＿＿＿ (2)米漿預糊化方法：＿＿＿＿＿ 2.蒸煮條件 蒸煮時間約＿＿＿＿＿分鐘。 3.產品總重量＿＿＿＿公克。 4.製成率＝產品總重／原料總重×100% ＝＿＿＿／＿＿＿×100% ＝＿＿＿%
合　　計			

芋頭糕製作報告表（095-304C）

應考生姓名：________________ 准考證號碼：________________

原料名稱	百分比（％）	重量（公克）	製作說明
			1.原料處理 芋頭處理方法：________ ________ ________ 2.米漿製作 (1)米漿調製方法：________ ________ (2)米漿預糊化方法：________ ________ 3.蒸煮條件 蒸煮時間約______分鐘。 4.產品總重量______公克。 5.製成率＝產品總重／原料總重×100% ＝____／____×100% ＝____%
合　　計			

油蔥粿製作報告表（095-305C）

應考生姓名：________________ 准考證號碼：________________

原料名稱	百分比（％）	重量（公克）	製　作　說　明
			1.米漿製作：________________ ________________ ________________ ________________ 2.油蔥粿成型方式：________________ ________________ ________________ ________________ 3.蒸熱火力________________。 4.製成率＝產品總重／原料總重×100% ＝_____／_____×100% ＝_____%
合　計			

芋粿巧製作報告表（095-301D）

應考生姓名：＿＿＿＿＿＿＿＿ 准考證號碼：＿＿＿＿＿＿＿＿

原料名稱	百分比（%）	重量（公克）	製作說明
			1.調配料製作：＿＿＿＿＿＿ ＿＿＿＿＿＿ ＿＿＿＿＿＿ ＿＿＿＿＿＿ 2.漿糰製作：＿＿＿＿＿＿ ＿＿＿＿＿＿ ＿＿＿＿＿＿ ＿＿＿＿＿＿ 3.整型後重量＿＿＿＿公克。 4.蒸煮時間約＿＿＿＿分鐘。 5.產品總重量＿＿＿＿公克。 6.製成率＝產品總重／原料總重×100% ＝＿＿／＿＿×100% ＝＿＿%
合計			

紅龜粿製作報告表（095-302D）

應考生姓名：＿＿＿＿＿＿＿＿　准考證號碼：＿＿＿＿＿＿＿＿

原料名稱	百分比（％）	重量（公克）	製作說明
			1.漿糰製作：＿＿＿＿＿＿＿＿ ＿＿＿＿＿＿＿＿ ＿＿＿＿＿＿＿＿ ＿＿＿＿＿＿＿＿ 2.每個皮重量＿＿＿＿公克。 3.每個餡重量＿＿＿＿公克。 4.蒸煮時間約＿＿＿＿分鐘。 5.蒸煮火力＿＿＿＿。 6.產品總重量＿＿＿＿公克。 7.製成率＝產品總重／原料總重×100% ＝＿＿／＿＿×100% ＝＿＿%
合計			

湯圓製作報告表（095-303D）

應考生姓名：＿＿＿＿＿＿＿＿　准考證號碼：＿＿＿＿＿＿＿＿

原料名稱	百分比（%）	重量（公克）	製作說明
			1.漿糰製作：＿＿＿＿＿＿ ＿＿＿＿＿＿ ＿＿＿＿＿＿ ＿＿＿＿＿＿ 2.每個皮重量＿＿＿＿公克。 3.每個餡重量＿＿＿＿公克。 4.蒸煮時間約＿＿＿＿分鐘。 5.產品總重量＿＿＿＿公克。 6.製成率＝產品總重／原料總重×100% ＝＿＿／＿＿×100% ＝＿＿%
合　計			

米苔目製作報告表（095-304D）

應考生姓名：________________　　准考證號碼：________________

原料名稱	百分比（%）	重量（公克）	製　作　說　明
			1.漿糰製作：________________ ________________ ________________ ________________ ________________ 2.煮熟時間約________分鐘。 3.產品總重量________公克。 4.製成率＝產品總重／原料總重×100% ＝_____／______×100% ＝_____%
合　計			

菜包粿製作報告表（095-305D）

應考生姓名：＿＿＿＿＿＿＿＿ 准考證號碼：＿＿＿＿＿＿＿＿

<table>
<tr><th colspan="2">原料名稱</th><th>百分比（%）</th><th>重量（公克）</th><th>製作說明</th></tr>
<tr><td rowspan="2">一、皮配方</td><td></td><td></td><td></td><td rowspan="6">1.漿糰製作：＿＿＿＿＿＿＿＿
＿＿＿＿＿＿＿＿
＿＿＿＿＿＿＿＿
2.餡製作：＿＿＿＿＿＿＿＿
＿＿＿＿＿＿＿＿
＿＿＿＿＿＿＿＿
3.每個皮重：＿＿＿＿公克。
每個餡重：＿＿＿＿公克。
4.煮熟時間約＿＿＿＿分鐘。
5.蒸熟火力＿＿＿＿。
6.製成率＝產品總重／原料總重×100%
＝＿＿／＿＿×100%
＝＿＿%</td></tr>
<tr><td>小計</td><td></td><td></td></tr>
<tr><td rowspan="2">二、餡配方</td><td></td><td></td><td></td></tr>
<tr><td>小計</td><td></td><td></td></tr>
<tr><td colspan="2">合計</td><td></td><td></td></tr>
</table>

元宵製作報告表（095-306D）

應考生姓名：＿＿＿＿＿＿＿＿＿＿ 准考證號碼：＿＿＿＿＿＿＿＿＿＿

<table>
<tr><th colspan="2">原料名稱</th><th>百分比（%）</th><th>重量（公克）</th><th>製作說明</th></tr>
<tr><td rowspan="2">一、外皮配方</td><td></td><td></td><td></td><td rowspan="5">1.每個皮重：＿＿＿＿＿＿ 公克。
2.每個餡重：＿＿＿＿＿＿ 公克。
3.煮熟時間約 ＿＿＿＿＿＿ 分鐘。
4.產品總重量 ＿＿＿＿＿＿ 公克。
5.製成率＝產品總重／原料總重×100%
＝＿＿＿／＿＿＿×100%
＝＿＿＿%</td></tr>
<tr><td>小計</td><td></td><td></td></tr>
<tr><td rowspan="2">二、內餡配方</td><td></td><td></td><td></td></tr>
<tr><td>小計</td><td></td><td></td></tr>
<tr><td colspan="2">合計</td><td></td><td></td></tr>
</table>

麻糬製作報告表（095-307D）

應考生姓名：________________ 准考證號碼：________________

原料名稱	百分比（%）	重量（公克）	製　作　說　明
			1.漿糰製作：________________ ________________ ________________ ________________ ________________ 2.每個皮重量________公克。 3.每個餡重量________公克。 4.剩餘熟漿糰重________公克。 5.產品總重量________公克。 6.製成率＝產品總重／原料總重×100% ＝____／____×100% ＝____%
合　計			

甜年糕製作報告表（095-308D）

應考生姓名：＿＿＿＿＿＿＿＿ 准考證號碼：＿＿＿＿＿＿＿＿

原料名稱	百分比（%）	重量（公克）	製作說明
			1.漿糰製作：＿＿＿＿＿＿＿＿ ＿＿＿＿＿＿＿＿ ＿＿＿＿＿＿＿＿ ＿＿＿＿＿＿＿＿ ＿＿＿＿＿＿＿＿ 2.蒸熟時間約＿＿＿＿分鐘。 3.產品總重量＿＿＿＿公克。 4.製成率＝產品總重／原料總重×100% ＝＿＿／＿＿×100% ＝＿＿%
合計			

粿粽製作報告表（095-306D）

應考生姓名：________________ 准考證號碼：________________

原料名稱		百分比（%）	重量（公克）	製作說明
漿糰				1.漿糰製作：________ ________ ________ 2.每個皮重：________公克。 每個餡重：________公克。 3.蒸熟時間約________分鐘。
	小計			4.蒸熟火力________火。
餡				5.產品總重量________公克。 6.製成率＝產品總重／原料總重×100% ＝____／____×100% ＝____%
	小計			
合計				

中式米食加工丙級技術士技能檢定報名及學科測驗地點

1.學科測驗應試地點請以個應檢人准考證或登報所列為標準。試場分配表於測驗前一日在考區學校大門口公告之。

2.全國技能檢定學科測驗地點若有更後，請查詢漢翔航空工業股份有限公司網站，網址：www.aidc.com.tw

3.受理報名單位、地區代碼、簡章代售、受理報名及學科測驗地點如下：

地區（受理報名單位）		簡章代售、受理報名及學科測驗地點	服務電話
基隆	漢翔航空工業股份有限公司	崇右技術學院 （201基隆市信義區義七路40號）	0800-208-020
花蓮	漢翔航空工業股份有限公司	花蓮私立四維高級中學 （970花蓮市中山路100號）	0800-208-020
羅東	漢翔航空工業股份有限公司	國立羅東高級工業職業學校 （269宜蘭縣冬山鄉廣興路117號）	0800-208-020
金門	漢翔航空工業股份有限公司	國立金門高級農工職業學校 （891金門縣金胡鎮新市里復興路1-11號）	0800-208-020
連江	漢翔航空工業股份有限公司	國立馬祖高級中學 （209連江縣南竿介壽村374號）	0800-208-020
桃園	漢翔航空工業股份有限公司	測：國立桃園高級農工職業學校；報：桃園學苑 （330桃園市萬壽路三段136號）	0800-208-020

三重	漢翔航空工業股份有限公司	私立三重高級商工職業學校 （241台北縣三重市中正北路163號）	0800-208-020
板橋	漢翔航空工業股份有限公司	致理技術學院 （220台北縣板橋市文化路一段313號）	0800-208-020
中壢	漢翔航空工業股份有限公司	萬能科技大學 （320桃園縣中壢市萬能路1號）	0800-208-020
新竹	漢翔航空工業股份有限公司	國立新竹女子高級中學 （300新竹市西大路683號）	0800-208-020
竹北	漢翔航空工業股份有限公司	國立竹北高級中學 （304新竹市新豐鄉忠信街178號）	0800-208-020
新莊	漢翔航空工業股份有限公司	私立龍華科技大學 （333桃園縣龜山鄉萬壽路一段 300號）	0800-208-020
汐止	漢翔航空工業股份有限公司	台北市立南港高級工業職業學校 （115台北市南港區興中路29號）	0800-208-020
平鎮	漢翔航空工業股份有限公司	桃園縣立平興國民中學 （324桃園縣平鎮市環南路300號）	0800-208-020
台中	漢翔航空工業股份有限公司	私立新民高級中學 （404台中市北區三民路三段289號）	0800-208-020
苗栗	漢翔航空工業股份有限公司	國立苗栗高級商業職業學校 （360苗栗市電台街7號）	0800-208-020
豐原	漢翔航空工業股份有限公司	台中縣立豐南國民中學 （420台中縣豐原市田心里豐南街151號）	0800-208-020
南投	漢翔航空工業股份有限公司	私立南開技術學院 （542南投縣草屯鎮中正路568號）	0800-208-020
彰化	漢翔航空工業股份有限公司	國立彰化高級商業職業學校 （500彰化市華陽里南郭路一段326號）	0800-208-020
沙鹿	漢翔航空工業股份有限公司	國立沙鹿高級工業職業學校 （433台中縣沙鹿鎮中棲路303號）	0800-208-020
太平	漢翔航空工業股份有限公司有限公司	私立修平技術學院 （412台中縣大里市工業路11號）	0800-208-020

台南	漢翔航空工業股份有限公司	台南私立崑山高級中學 （700台南市開元路444號）	0800-208-020
北港	漢翔航空工業股份有限公司	國立北港高級中學 （651雲林縣北港鎮成功路26號）	0800-208-020
斗六	漢翔航空工業股份有限公司	國立斗六高級家事商業職業學校 （640雲林縣斗六市成功路120號）	0800-208-020
嘉義	漢翔航空工業股份有限公司	國立嘉義高級商業職業學校 （600嘉義市中正路7號）	0800-208-020
新營	漢翔航空工業股份有限公司	私立南榮技術學院 （737台南縣鹽水鎮朝琴路178號）	0800-208-020
朴子	漢翔航空工業股份有限公司	私立萬能高級工商職業學校 （608嘉義縣水上鄉萬能路1號）	0800-208-020
永康	漢翔航空工業股份有限公司	國立台南高級工業職業學校 （710台南縣永康市中山南路193號）	0800-208-020
屏東	漢翔航空工業股份有限公司	屏東縣私立屏榮高級商工職業學校 （900屏東市民學路100號）	0800-208-020
岡山	漢翔航空工業股份有限公司	國立岡山高級農工職業學校 （820高雄縣岡山鎮岡山路533號）	0800-208-020
鳳山	漢翔航空工業股份有限公司	國立鳳山高級商業職業學校 （830高雄縣鳳山市文衡路51號）	0800-208-020
潮州	漢翔航空工業股份有限公司	國立潮州高中(920屏東縣潮州鎮中山路11號） 本區不設考場，學科測驗地點以准考證為主	0800-208-020
台東	漢翔航空工業股份有限公司	國立台東高級商業職業學校 （950台東市正氣路440號）	0800-208-020
馬公	漢翔航空工業股份有限公司	國立馬公高級中學 （880澎湖縣馬公市中華路369號）	0800-208-020
台北市政府勞工局職業訓練中心		報名地點：111台北市士林區士東路301號；學科測驗地點：於測驗前七日在該中心網站www.tvcv.gov.tw暨聯合報，中央日報公告	02-2872-1940 02-2875-2948 02-2875-2807
高雄市政府勞工局職業訓練中心		報名地點：806高雄市前鎮區鎮中路6號6樓 測驗地點：高雄市之中正高級工業職業學校 （806高雄市前鎮區光華二路80號）	07-822-0790

學術科檢定方式

每一職類技術士技能檢定均分為學科測驗與術科測驗兩階段完成，試題均由行政院勞工委員會中部辦公室聘請國內專家、學者就檢定規範「相關知識」範圍內命題。

1.學科測驗：採測驗卡（即電腦卡）是非、選擇方式辦理，測驗時間為100分鐘。

2.術科測驗：各職類採現場操作測驗方式，測驗日期及地點由術科單位另行以掛號郵件通知。

一、學科測驗試卡作答注意事項

1.測驗卡（即電腦卡）正面左上角號碼是應檢人准考證號碼，開始作答前，請先核對是否與准考證號碼相符，再檢查試卡上職類、級別是否與試題上職類、級別相同。

2.測驗作答所用黑色2B鉛筆及橡皮擦，由應檢人自備。（NO. 2鉛筆並非2B鉛筆，切勿使用），並選用軟性品質較佳之橡皮擦，否則不易擦拭乾淨，請勿用原子筆或簽字筆作 答，非使用2B鉛筆致無法讀卡，由應檢人自行負責，不得提出異議。

3.測驗試題有是非題（是「○」否「×」）及選擇題（「1」「2」「3」「4」），請選出正確答案；是非題採答錯者每題倒扣0.5分，選擇答錯不倒扣。

4.應將正確答案，在試卡上該題號方格內畫一條直線，此一直線必須粗、黑、清晰，將該方 格畫滿，切不可畫出格外，或只畫半截線。

5.如答錯要更改時，請用橡皮擦細心擦拭乾淨，另行作答，切不可留有黑色殘跡，或將試卡 污損，並不得使用立可白等修正液。

6.如未照規定作答，或書寫不應有之文字、符號，致電子計算機（讀卡機）不能正確計分時 ，由應檢人自行負責，不得提出異議。

7.應檢人攜帶之電子計算器，以具有＋、－、×、÷、％、√‾、M、三角函數、對數指數等功能不具儲存程式功能NON-PROGAMMABLE者為限，但個別職類另有規定依規定理（註：商業計算學科測驗禁止攜帶任何計算工具）。

8.應檢人持用前項禁止使用之電子計算器者，依試場規則第五條規定予以扣考，並不得繼續應考其成績並以零分計算。

9.應檢人夾帶書籍文件或規定以外之器物（如電子通訊器材、呼叫器、行動電話等），依學科測驗試場規則第五條規定，予以扣考，其學科測驗成績並以零分計算。

10.考試時對試題有疑義，應即當場提出或最遲於考試完畢之次日起七日內以郵戳為憑，具體敘明疑義並檢具佐證資料，專函寄送各受理單位以憑處理，逾期不予受理。

二、成績評定

1.學科測驗成績以到達六十分以上為及格。

2.學科測驗成績在測驗完畢四週內評定完畢，並寄發成績通知單。

3.術科測驗成績之評定，按各職類試題所訂評分標準之規定辦理。

4.報檢人對評定成績如有異議，應於接到學、術成績通知後十五日內（郵戳為憑）填具書面複查申請表附上回郵信封寄辦理單位，逾期則不予受理。複查成績以一次為限，未收到成績單之應考人請於學科測驗完一個月後，四十五日前向受理報名之單位洽詢。

5.申請技能檢定學科或術科成績複查，應收取複查成績費，其收費標準由中央主管機關定之。

6.申請複查成績不得要求重新評閱，提供參考答案，閱覽或複印試卷，亦不得要求告知監評人員姓名或其他有關資料。

三、合格發證

1.凡經參加各職類甲、乙、丙、單一級學科及術科測驗成績均及格者，繳交證照費後製發「中華民國技術士證」。

2.請領及換補發技術士證應繳交證照費新台幣壹佰陸拾元整；申請懸掛式技術士證，繳交證 照費肆佰元整。洽詢專線：(04) 2259-5700轉451分機。

四、最新證照之法令規章及檢定報名地點

(一)最新相關證照之法令規章

從八十六學年起，只要持有職業證照，加上一定的工作年資，就可以「同等學歷」的方式，報考高中以上的各級學校招生考試，最高可以報考研究所碩士班。

教育部技職司指出，這項改變除了可加速推動職業證照制度，也有助於扭轉國內社會文憑主義用人的現象，讓證照與學校所發的畢業文憑都具有同等效用。但從民國88年開始，已取消免試換證，未來持有技術士證照者，必須通過國、英文和工作倫理（職業道德）等鑑定考試，或到所指定的學校補修16學分之後，才可以取得同等學歷之證明。

(二)

職業證照	工作經驗	同等學歷
甲級技術士證	4年	專科／同等學歷
乙級技術士證	4年	專科／同等學歷
丙級技術士證	5年	高職／同等學歷

術科測驗試題使用說明

一、術科測驗前約一個月發給主辦術科測驗單位術科試題，內容包括：試題使用說明、應檢須知、單項評分表、總評分表、試題名稱、完成時限、試題說明、製作配方表、製作數量表、製作報告表、評分標準表、檢定場地設備表、檢定材料表。

二、術科報名後發給考生：應檢須知、試題名稱、完成時限、試題說明、檢定場地設備表、檢定材料表，於術科測驗前隨檢定通知單寄發。

三、術科測驗時發給評審人員：

(一)試題：包括試題名稱、完成時限、試題說明、製作配方表、製作數量表（抽籤後決定，前後左右選考項目相同時，奇偶數組試題需不相同，前後製作數量也需不同）。

(二)製作報告表。

(三)單項評分表（每三位考生評分於同一表格，依應檢人數編成一套，每位評審人員一套，共計三套）。

(四)總評分表（份數＝應檢人數）及評分標準表（三份，每位評審人員一份）。

四、術科測驗時發給考生：（測驗完畢即予收回）

(一)試題名稱、完成時限、試題說明、製作配方表、製作數量表（抽籤後決定）。

(二)製作報告表，不予計分之工作項目如下：

1.報告表與實際製作配方不相符。

2.重量「未填」或以「適量」標示。

3.製作說明「未填」。

五、評審人員於評審前應詳閱所有試題內容。

六、評審人員於考生測驗過程中，如無取消應檢資格或不予記分狀況出現，每項皆需計分。

七、製作材料、數量以及機具等內容，應以試題為準，主辦單位不得以任何理由擅自更改，否則衍生之後果自行負責。

中式米食加工丙級技術士技能檢定
術科測驗試題

A、米粒類項－飯粒型

01.白米飯(095-301A)

02.油飯(095-302A)

03.筒仔米糕(095-303A)

04.糯米腸(095-304A)

05.台式肉粽(095-305A)

06.八寶飯(095-306A)

B、米粒類項－粥品型（7-2項）

01.八寶粥(095-301B)

02.廣東粥(095-302B)

03.海鮮粥(095-303B)

C、漿（粿）粉類項－米漿型

01.發粿(095-301C)

02.碗粿(095-302C)

03.蘿蔔糕(095-303C)

04.芋頭糕(095-304C)

05.油蔥粿(095-305C)

D、漿（粿）粉類項－一般漿糰

01.芋粿巧(095-301D)

02.紅龜粿(095-302D)

03.湯圓(095-303D)

04.米苔目(095-304D)

05.菜包粿(095-305D)

06.元宵(095-306D)

07.麻薯(095-307D)

08.甜年糕(095-308D)

09.粿粽(095-309D)

術科測驗考場應檢須知

（本應檢須知請攜帶至術科測驗考場）

一、一般性應檢須知：

(一)應檢人員不得攜帶規定項目以外之任何資料、工具、器材進入考場，違者不予計分。

(二)應檢人員應按時進場，逾規定檢定時間十五分鐘，即不准進場，並取消應檢資格。

(三)進場時，應出示術科檢定通知單及國民身分證，並接受監評人員檢查自備工具。

(四)應檢人員依據檢定位置號碼就檢定崗位，並應將術科測驗通知單及國民身分證置於指定位置，以備核對。

(五)檢定使用之材料、設備、機具，須於進入考場後馬上核對並檢查，如有短缺或不堪使用者，應當場提出更換或補充，開始考試後十分鐘概不受理。

(六)應檢人員應聽候並遵守監評人員講解規定事項。

(七)檢定時間之開始與停止，悉聽監評人員之哨音及口頭通知，不得自行提前或延後。

(八)應檢人員有下列情形之一者，取消應檢資格，其總分以「0」分計項目。

1.冒名項替者。

2.協助他人或託他人代為操作者。

3.互換或攜帶規定外之工具、器材、半成品、成品或試題及製作報告表。

4.故意損壞機具、設備者。

5.不接受監評人員指導擾亂試場內外秩序者。

6.在考場內相互交談者。

7.未著工作衣、工作帽，未穿平底工作鞋或白色膠鞋（或穿拖鞋、涼鞋、高跟鞋），不准進考場。

8.違背應檢須知其他規定者。

9.考試時擅自更改試題內容，並以試前取得測驗場地同意為由，執意製作者。

(九)應檢人員有下列嚴重缺點之任一小項者，其總分以「0」分計項目：

A.製作技術部分：

1.製作過程中有任何危險動作或狀況出現，如機械、儀器、器具與刀具不會使用或使用不正確、器具掉入運轉的機械中、將手伸人運轉的機械中取物等。

2.因使用方法不當，致損壞機械、器具或儀器者。

3.瓦斯爐具使用不正確，如不會使用、開關未關等。

4.超過時限未完成者。

5.產品重作者。

6.未能注意工作之安全，致使自身或他人受傷不能繼續檢定者。

7.實際製作未依試題說明、製作數量表需求製作或與報告表所制定的配方不符。

8.未使用公制、未列百分比。

9.使用試題檢定材料表以外之材料。

10.中途離場者。

11.工作後未清潔器具或機械。

B.產品品質部分：

1.產品數量或重量未達規定範圍者。

2.產品不成型或失去該產品應有之性質（不具商品價值）者。

3.產品風味異常。

4.產品質地異常。

5.產品色澤異常。

6.產品有異物。

C.其他經三位監評人員認定為嚴重過失。

(十)應檢人員應正確操作機具，如有損壞，應負賠償責任。

(十一)應檢人員對於機具操作應注意安全，如發生意外傷害，自負一切責任。

(十二)檢定進行中如遇有停電、空襲警報或其他事故，悉聽監評人員指示辦理。

(十三)檢定進行中，應檢人員因其疏忽或過失而致機具故障，須自行排除，不另加給時間。

(十四)檢定中，如於中午休息後下午須繼續進行或翌日須繼續進行，其自備工具及工作之裝置，悉依監評人員之指示辦理。

(十五)檢定結束時，應由監場人員點收機具，試題送繳監評人員收回，監評人員並在術科准考證上戳記應檢章，繳件出場後，不得再進場。

(十六)檢定時間視考題而定，提前交件不予加分。

(十七)試場內外如發現有擾亂考試秩序，或影響考試信譽等情事，其情節重大者，得移送法辦。

(十八)評分項目包括：評分標準(一)工作態度與衛生習慣、評分標準(二)製作技術、評分標準(三)成品品質等三大項，扣分若超過該項目配分的40%，即視為不及格，術科測驗每項考一種以上產品時，每種產品均需及格。

(十九)應檢人員不可攜帶通訊器材（如行動電話、呼叫器等）進入考場。

(二十)其他未盡事宜，除依考試院訂頒之試場規則辦理及遵守檢定場中之補充規定外，並由各該考區負責人處理之。

中式米食加工術科測驗專業性應檢須知

(一)中式米食加工丙級技術士技能檢定術科應檢者，可自行選擇下列五項中之一項，依時完成。（請在選考編號上打∨為記），檢定合格後，證書上即註明所選類項的名稱。

<table>
<tr><th colspan="2">選考編號</th><th>項目名稱</th><th colspan="2">選考編號</th><th>項目名稱</th></tr>
<tr><td rowspan="2">1</td><td>A、B</td><td>米粒類</td><td rowspan="2">3</td><td rowspan="2">E</td><td rowspan="2">漿（粿）粉類—特殊漿糰型</td></tr>
<tr><td>C</td><td>漿（粿）粉類—米漿型</td></tr>
<tr><td rowspan="2">2</td><td>A、B</td><td>米粒類</td><td rowspan="2">4</td><td>F</td><td>熟粉類</td></tr>
<tr><td>D</td><td>漿（粿）粉類—一般漿糰型</td><td>G</td><td>一般膨發類</td></tr>
</table>

(二)製作說明：

1.考生可攜帶自訂參考配方表進場。

2.「製作報告表」依規定產品數量或重量，當場詳細填寫原料名稱、百分比、重量，並將製作程序加以記錄之。

3.原料應使用公制計算、稱重，稱量容差±3%。

4.餡需配合製作數量表需求調製，不可剩餘。

5.如經監評人員鑑定為嚴重過失者以「0」分計。

(三)評分標準：

1.評分注意事項

(1)取消應檢資格，其總分以「0」分計之項目，與應檢須知規定相同

(2)嚴重缺點犯其中任何一項，以「0」分計

(3)主要缺點扣分達配分或以上時，以「0」分計

(4)評分標準表(一)、(二)、(三)中有任一項以「0」分計，總分以「0」分計。

2.評分標準表：分三大項

(1)評分標準表(一)

工作態度與衛生習慣20%（如附表）：包括工作態度、衛生習慣等項。

項目	說明	配分
（取消應檢資格及犯嚴重缺點，其總分以「0」分計項目，與應檢須知規定相同。）		
一、工作態度與衛生習慣	(一)嚴重缺點：凡有下列任一小項之任一種情形者一律以「0」分計。 1.工作場所內抽煙、嚼檳榔或口香糖、隨地吐痰、擤鼻涕或隨地丟廢棄物。 2.工作前後未檢視用具及清洗用具者。 3.生熟原料或產品混合放置。 4.將原料、產品或器具直接接觸地面。 5.不服從評審人員糾正。 6.其他（請評審詳細註明原因）。 (二)主要缺點：凡有下列任一小項之任一種情形者一律扣3分。 1.不愛惜原料、用具或機械。 2.指甲過長、塗指甲油、戴手錶或飾物（如戒指、耳環、項鍊等）。 3.工作前未洗手，工作中用手擦汗或用手觸碰各項不潔衛生動作者。 4.工作後對使用之器具、桌面或機械等清潔不力。 5.工作衣帽不符合一般性自備工具規定者。 6.工作中頭髮未密蓋或著裝不整者。 7.工作中桌面凌亂。 8.工作後未將器具歸位者。 9.廢棄物未分類存放者。 10.（請評審詳細註明原因）。	20分

(2)評分標準表(二)

製作技術30%（如附表）：也括配方制定、計算與稱量、製作條件說明、操作熟練程度。

項目	說明	配分
（取消應檢資格及犯嚴重缺點，其總分以「0」分計項目，與應檢須知規定相同。）		
二、製作技術	(一)嚴重缺點：凡有下列各情形之任一小項者，其總分以「0」分計。 1.製作流程或操作條件未寫或寫的不合題意。 2.機械操作錯誤。 3.其他（請評審詳細註明原因）。 (二)主要缺點：凡有下列各情形之任一小項者扣8分 1.手工或機械操作不熟練。 2.秤量器具使用不當。 3.製作條件會寫但不完整或寫錯。 4.操作過程中出現污染原料、產品之動作者。 5.其他（請評審詳細註明原因）。	30分

(3)評分標準表(三)

產品品質50%：包括外部品質、內部品質。

3.每項考一種以上產品時，只要有一種產品不及格，即為不及格。

(四)其他規定，現場說明。

(五)一般性自備工具參考：白或淺色工作衣與工作帽（需密蓋頭髮）、平底工作鞋或白色膠鞋，可攜帶計算機．計時器、標貼紙、文具、尺、紙巾、衛生手套、白色口罩及場地設備表中可自備之器具、設備等。

(六)一般性及專業性應檢須知、自訂參考配方表可攜入考場。

術科測驗配題組合：

1.術科測驗題

A、米粒類—飯粒型

01. 白米飯　（095-301A）

02. 油飯　　（095-302A）

03. 筒仔米糕（095-303A）

04. 糯米腸　（095-304A）

05. 台式肉粽（095-305A）

06. 八寶飯　（095-306A）

B、米粒類—粥品型

01. 八寶粥（095-301B）

02. 廣東粥（095-301B）

03. 海鮮粥（095-301B）

C、漿（粿）粉類—米漿型

01. 發粿　（095-301C）

02. 碗粿　（095-302C）

03. 蘿蔔糕（095-303C）

04. 芋頭糕（095-304C）

05. 油蔥粿（095-305C）

D、漿（粿）粉類—一般漿糰型

01. 芋粿巧（095-301D）

02. 紅龜粿（095-302D）

03. 湯圓　（095-303D）

04. 米苔目（095-304D）

05. 菜包粿（095-305D）

06. 元宵　（095-306D）

07. 麻糬　（095-307D）

08. 甜年糕（095-308D）

09. 粿粽　（095-309D）

2.術科測驗配題組合：

※白米飯（095-301A）為抽考項目，每場次抽考三至四位考生。

第1項　米粒飯－飯粒型、米粒類－粥品型、漿（粿）粉類－米漿型

測驗下列一組產品（A、B一題、C一題），時間4小時

01.	02A、05C	02.	03A、04C	03.	04A、01C	04.	05A、02C
05.	06A、03C	06.	01B、02C	07.	02B 、03C	08.	03B 、05C
09.	03A、03C	10.	04A、02C	11.	05A、01C	12.	02B、05C

第2項　米粒飯－飯粒型、米粒類－粥品型、漿（粿）粉類－一般漿糰型

測驗下列一組產品（A、B一題、D一題），時間4小時

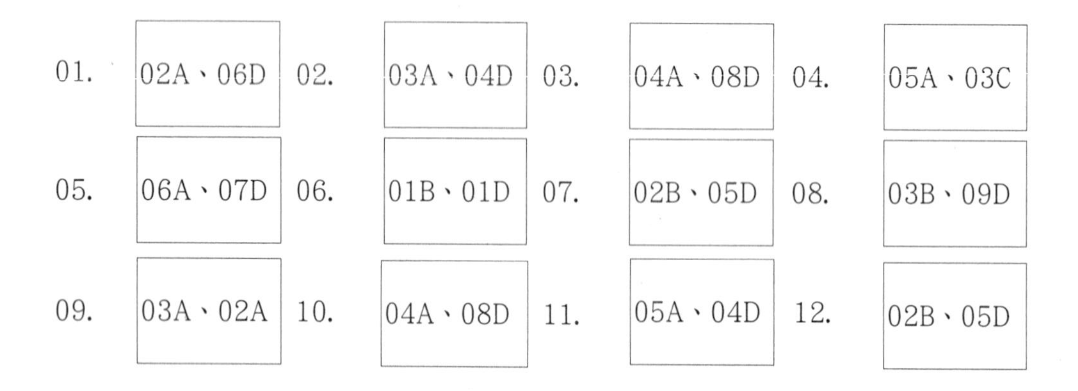

01.	02A、06D	02.	03A、04D	03.	04A、08D	04.	05A、03C
05.	06A、07D	06.	01B、01D	07.	02B、05D	08.	03B、09D
09.	03A、02A	10.	04A、08D	11.	05A、04D	12.	02B、05D

術科測驗單項評分表

<table>
<tr><td>考場桌次編號</td><td colspan="3"></td><td colspan="3"></td><td colspan="3"></td></tr>
<tr><td>准考證號碼</td><td colspan="3"></td><td colspan="3"></td><td colspan="3"></td></tr>
<tr><td>應考生姓名</td><td colspan="3"></td><td colspan="3"></td><td colspan="3"></td></tr>
<tr><td>應考產品名</td><td></td><td></td><td></td><td></td><td></td><td></td><td></td><td></td><td></td></tr>
<tr><td>扣分項目</td><td colspan="3">實扣分數</td><td colspan="3">實扣分數</td><td colspan="3">實扣分數</td></tr>
<tr><td>1.工作態度與衛生習慣（20％）</td><td colspan="3"></td><td colspan="3"></td><td colspan="3"></td></tr>
<tr><td>2.製作技術（40％）</td><td colspan="3"></td><td colspan="3"></td><td colspan="3"></td></tr>
<tr><td>3.產品品質（40％）</td><td></td><td></td><td></td><td></td><td></td><td></td><td></td><td></td><td></td></tr>
<tr><td>實扣總分</td><td></td><td></td><td></td><td></td><td></td><td></td><td></td><td></td><td></td></tr>
<tr><td>不及格或不予計分原因（直接寫代碼）</td><td></td><td></td><td></td><td></td><td></td><td></td><td></td><td></td><td></td></tr>
<tr><td colspan="10">備註：取消應檢資格其成績以不及格論項目與不予計分項目，可依據應檢須知規定，以下列代碼表示。

監評人員簽章：　　　　年　月　日</td></tr>
</table>

術科測驗總評分表

准考證號碼：　　　　　　　　　應考日期：

應考生姓名：　　　　　　　　　考場桌次編號：

產品名稱	評分項目	配分%	最高扣分	實扣分數	實扣分數
一	1.工作態度與衛生習慣	20	8		
	2.製作技術	40	16		
	3.產品品質	40	16		
二	1.工作態度與衛生習慣	20	8		
	2.製作技術	40	16		
	3.產品品質	40	16		
三	1.工作態度與衛生習慣	20	8		
	2.製作技術	40	16		
	3.產品品質	40	16		
合計	□及格		□不及格		

備註：不及格原因如下

A.有任何一項扣分高於該項最高扣分。

B.有代何一種產品實扣總分超過40分。

C.不予計分。

監評人員簽章：

術科測驗重大違規事項

(一)、取消應檢資格，其成績以不及格論項目

1.冒名頂替者。

2.協助他人或託他人代為操作者。

3.互換或攜帶規定外之工具、器材、半成品、成品或試題及製作報告表。

4.故意損壞機具、設備者。

5.不接受監評人員指導擾亂試場內外秩序者。

6.機械、儀器、器具與刀具不會使用者。

7.在考場內相互交談者。

8.未著工作衣、工作帽，未穿平底工作鞋或白色膠鞋（或穿拖鞋、涼鞋、高跟鞋），不准進考場。

9.考試時擅自更改試題內容，並以試前取得測驗場地同意為由，執意製作者。

(二)、不予計分項目

1.製作過程中有任何危險動作或狀況出現，如刀具使用不正確、器具掉入運轉的機械中、將手伸入運轉的機械中取物等。

2.瓦斯爐具使用不正確，如不會使用、開關未關等。

3.超過時限未完成者。

4.產品重作者。

5.產品數量或重量未達規定範圍者。

6.產品不具商品價值或不成型者。

7.因使用方法不當，致損壞機械、器具或儀器者。

8.未能注意工作之安全，致使自身或他人受傷不能繼續檢定者。

9.製作報告與實際製作配方不相符，重量“未填”或以“適量”標示，製作說明“未填”。

10.未依試題說明、製作配方或製作數量表需求製作者。

11.其他經三位監評人員認定為嚴重過失者。

中式米食加工檢定場地基本設備表

基本設備為每一試題皆需準備之設備　　　　（每人份）

編號	名稱	設備規格	單位	數量	備註
1	鍋爐	蒸氣量200公斤／小時或以上	台	1	共用
2	工作檯	不鏽鋼，可加隔層，不可附抽屜	台	1	附水槽及肘動式水龍頭
3	二重鍋	不鏽鋼，10～20公升附溫度壓力錶、安全閥等	台	1	瓦斯熱煤油或蒸汽
		不鏽鋼蒸汽式容量20公升或以上附溫度壓力錶、安全閥等		1	共用・蒸汽式
4	攪拌機	配置10～12公升及18～22公升攪拌缸各1，3/4Hp、附鉤狀、槳狀、鋼絲攪拌器及安全護網	台	1	
5	冷藏櫃（庫）	零上0℃～7℃ H180×W120×D80cm或以上	台	1	共用
6	冷藏櫃（庫）	零下20℃或以下 H180×W120×D80cm或以上	台	1	共用
7	電子秤	0.01公克～1公斤 （精密度0.01公克）	台	1	共用
		1公克～6公斤（或以上） （精密度1公克）	台	1	可用案秤代替
8	溫度計	錶型（-10～110℃或以上） 不銹鋼	支	1	
		電子溫度計（-20～-400℃）	支	3	共用
9	瓦斯爐	單爐或雙爐	台	1	雙爐兩人共用
10	刮板	塑膠製	支	1	
11	砧板	長方型，塑膠製	個	1	
12	刀	不鏽鋼，切原料用	支	1	
13	麵粉篩	不鏽鋼20～30目 直徑30～36公分	個	1	
14	量筒	塑膠製，500～1000毫升	個	1	

編號	名稱	設備規格	單位	數量	備註
15	稱量原料容器	鋁、塑膠盤或不鏽鋼盆、鍋	個	5	可用塑膠袋代替
16	鍋	不鏽鋼8～10公升或4～6公升、附蓋	組	1	
17	產品框	不銹鋼40×60公分	個	1	放所有產品用
18	時鐘	掛鐘、附時針、分針、秒針Φ30公分或以上	個	1	共用
19	清潔用具	清潔劑、刷子或抹布等	組	1	
20	加壓清洗裝置	1/4Hp或以上，空氣清洗附噴槍	台	2	共用
21	加壓空氣機	1Hp或以上，空氣壓力kg/㎡或以上，加壓空氣清潔用附空氣噴槍	台	2	共用
22	烘手機	110V，自動或手動式	台	3	共用

附註：共同之基本設備及各題所附之專業設備，皆可以生產型設備或登記合格之工廠產地與設備來考試，材料與製作數量按設備需求配合，且不可低於製作數量表所列數量。

中式米食加工丙級技術士技能檢定術科測驗參考配方表

成品名稱		成品名稱		成品名稱	
原料名稱	百分比	原料名稱	百分比	原料名稱	百分比

註：1.本表由考生試前填寫，可攜入考場參考，只准填原料名及配方百分比，如夾帶其他資料以作弊論。（不夠填寫，自行影印）

中式米食加工丙級技術士技能檢定學科試題

一、是非題

001.(○) 雪片糕是屬於熟粉類之米食製品。

002.(×) 元宵與湯圓所使用之原料米是不相同的。

解析：元宵和湯圓的製作都是以糯米為主要原料來製作而成的，因此兩者所使用的原料米皆是相同。

003.(○) 漿糰類米食製品可分為一般漿糰如麻糬，及特殊漿糰如米粉絲。

004.(○) 發粿屬於米漿型之米食製品。

005.(×) 肉粽、粿粽、鹼粽均屬米粒類之米食製品。

解析：肉粽、鹼粽是屬於米粒類—（飯粒型）的米食製品，而粿粽是屬於漿（粿）粉類—一般漿糰型之米食製品。

006.(○) 八寶粥是屬於米粒類之米食製品。

007.(×) 鹼粽是屬於漿（粿）粉類之米食製品。

解析：鹼粽的主要原料為圓糯米，所以是屬於米粒類—（飯粒型）之米食製品。

008.(×) 元宵是屬於熟粉類之米食製品。

解析：元宵是用黑芝麻粉再加上了豬板油與糖粉作餡心，浸水後再沾裹混合的糯米粉與太白粉形成外皮經過水煮之後而成的，所以是屬於漿（粿）粉類—般漿糰型的米食製品。

009.(×) 發粿與米花糖均屬於膨發類米食製品。

解析：發粿是屬於漿（粿）粉類—米漿型的製品，而米花糖則是屬於一般膨發類之米食製品。

010.(○) 麻糬與菜包粿均屬於漿（粿）粉類米食製品。

011.(○) 碗粿是屬於米漿型之米食製品。

012.(×) 蘿蔔糕是屬於漿糰型之米食製品。

解析：蘿蔔糕是以在米粉為主原料加上水調和再與其他的炒餡料調味後製作而成的，所以是屬於漿（粿）粉類—米漿型之米食製品。

013.(○) 芋粿巧是屬於漿糰型之米食製品。

014.(×) 紅龜粿是屬於米漿型之米食製品。

解析：紅龜粿是使用糯米粉加入水和紅色素揉製再經包餡完後而成的漿糰，所以是屬於漿（粿）粉類——般漿糰型之米食製品。

015.(×) 油蔥粿是屬於漿糰型之米食製品。

解析：油蔥類又稱千層粿，是以在來米粉為主原料混合蓬來米粉與太白粉而調和的米漿，所以是屬於漿（粿）粉類—米漿型的米食製品。

016.(○) 筒仔米糕是屬於飯粒型之米食製品。

017.(○) 廣東粥是屬於米粒類之米食製品。

018.(○) 糕仔崙是屬於熟粉類之米食製品。

019.(×) 鳳片糕是屬於漿糰型之米食製品。

解析：鳳片糕是以圓糯米為主原料再加上少量的粳米，用文火炒約20分鐘後取出加入打粉機之中烘乾磨製成的熟粉，所以又稱為糕仔粉，屬於熟粉類之米食製品。

020.(×) 蘿蔔糕與芋頭糕兩者均屬於熟粉類之米食製品。

解析：蘿蔔糕與芋頭糕兩者均是屬於以在來米粉為原料加入水，再和其他的炒餡料調味過後經蒸炊而得的製品，所以是屬於漿（粿）粉類—米漿型的米食。

021.(○) 年糕是漿粿（粉）類之米食製品。

022.(×) 廣東粥與筒仔米糕之原料米是相同的。

解析：廣東粥是屬於米粒類之粥品型是使用蓬萊米為原料，而筒仔米糕則也是屬於米粒類但是為飯粒型，是用圓糯米來作為原料。

023.(○) 八寶飯是屬於飯粒型之米食製品。

024.(○) 炒飯是屬於米粒類之米食製品。

025.(○) 湯圓是屬於漿粿（粉）類之米食製品。

026.(×) 稻米品種一般分為粳稻（蓬萊）及秈稻（在來）兩種。

解析：稻米的品種除了蓬萊稻和在來稻（粳米）之外，尚還有糯米稻（秈米）等兩種。

027.(○) 紅龜粿可使用合法的食用色素來著色。

028.(○) 米食製品副原料如蘿蔔乾或蜜餞等，使用前應注意是否含有不合法之添加物。

029.(○) 蓬來米可供製作寧波年糕。

030.(×) 長糯米可用來製作米粉絲。

解析：製作米粉絲的原料不是使用長糯米，而是使用在來米經水磨過的米漿再經脫水之後所得的粉糰用擠絲機成型而蒸熟的成品。

031.(×) 海鮮粥是用糯米熬煮而成的。

解析：海鮮粥是屬於米類之粥品型，是以白米飯作為原料，加入高湯且煮至米粒糊化後再予以添加配料調味而成的。

032.(×) 鹼粽可添加硼砂來改進品質。

解析：添加硼砂雖然可以使鹼粽的米粒增加彈性，使口感更佳，但因其含有的硼酸是一種致癌物，所以政府已明令公告禁止使用。

033.(○) 糯米粉與在來米粉是米食製品中最常用的兩種米穀粉。

034.(○) 秈米又稱在來米，其黏性最小。

035.(×) 酵母是化學膨脹劑之一種，可作為米食製品的膨脹劑。

解析：酵母屬於天然的膨大劑，大多使用在麵筋含量高的原料中來產生發酵之膨脹作用，而米食製品的原料之中是以米漿為主原料，不具有筋性，所以酵母是不適合使用在米食製品中，如必須要使用時，則需添加發粉等化學膨大劑。

036.(○) 食品級鹼粉可添加於鹼粽，以增進風味及顏色。

037.(○) 寧波年糕用蓬來米製作，形狀特殊，俗稱〝腳板年糕〞。

038.(×) 小麥澱粉與甘薯澱粉均可添加於米食製品而不影響品質。

解析：小麥澱粉之中含有蛋白質，因其具有麵筋等特性，所以適合使用在麵食等製品中；甘薯澱粉的成分是以直鏈澱粉居多，其透明度較高且質地較鬆散，所以比較適合用於米食製品中。

039.(○) 米碾得愈白，則營養成分損失愈大。

040.(×) 為使米粉絲之顏色更白，可以任意添加漂白劑且用量無限制。

解析：為了使米粉絲之顏色更白，依照我國的食品衛生法規是不可以任意添加漂白劑，若人體長期攝食過量，會引起頭昏、頭痛、嘔吐或呼吸困難等症狀。

041.(○) 米食製品中若添加防腐劑，僅可抑制微生物之生長，並不代表不會腐敗。

042.(○) 硼砂有礙健康，在米食製品中不可添加。

043.(×) 米食製品使用食品添加物因用量少，故不必秤量，任意添加即可。

解析：使用食品添加物時要依照食品衛生法規中食品添加物使用範圍及用量標準之規定，添加量有一定的限制，即使用量少，也必需要精準來秤量，不可以用目測隨意的來添加。

044.(×) 年糕與蘿蔔糕所使用之原料米是相同的。

解析：年糕是屬於漿（粿）粉類之一般漿糰型，因口感具軟黏性，所以是使用糯米粉為原料，蘿蔔糕的口感較為鬆散，則是使用在來米粉作為原則。

045.(×) 傳統粽子是用蓬來米製作而成的。

解析：為了將粽子包裹在粽葉中，且要形成為有如三角之造型，所以必須使用具有黏性結著性的糯米（長糯米）來製作。

046.(○) 麻糬製作時可以添加適量的麥芽糖來取代砂糖，有助於改善品質。

047.(○) 炸米花糖所使用的油炸油，應注意其安定性是否良好。

048.(○) 油炸米食之油炸油，應注意油炸的溫度及色澤。

049.(×) 油炸米食之油炸油可重複使用，即使顏色變黑亦可繼續使用，不必丟棄。

解析：油炸過米食之後的食用油不可回收使用的，因為在油炸的過程中，食物中的水份滲入油中，造成水解酸敗之現象，再加上會有油耗味，須丟棄，不可繼續使用。

050.(○) 煮白米飯時加點食用油脂，可使米飯亮麗且不易黏鍋。

051.(○) 製作米食使用添加物時，應請廠商提供衛生單位的證明，才能放心使用。

052.(○) 糕仔粉是用蒸氣加熱熟化處理的原料。

053.(×) 蘿蔔糕品質以新米製作較舊米好。

解析：要製作出好品質的蘿蔔糕，一定要使用新米來製作，因新米中所含的米胚乳較佳；若用舊米，則胚乳層中的澱粉質在存放的過程中因易受到損害導致品質欠佳。

054.(×) 米食加工時，新米與舊米的吸水性都一樣。

解析：米食加工時，新米的吸水率要比舊米來得小，因新米在碾製後本身仍含有水份，所以吸水性差。而舊米經放置一段時間後，其水份含量減少，所以吸水性較強。

055.(○) 用新米煮出來的白米飯較舊米好吃。

056.(×) 選用良質米可不用浸米直接煮飯，品質最佳。

解析：任何品質的米在烹煮前一定要先泡水，才能使米中的澱粉分子能有充分的時間來吸收水份，這樣米粒才能完全煮熟。

057.(○) 米在貯存過程中，理化特性會發生變化，所以新米與舊米之加工性質不同。

058.(○) 製作碗粿之主原料為在來米。

059.(○) 製作蘿蔔糕之主原料為在來米。

060.(×) 製作粿粽之主原料為在來米。

解析：粿粽是將糯米粉做為要原料經過加水揉製所形成的漿糰，再經包餡、放入粽葉中蒸炊而製成。

061.(×) 製作紅龜粿之主原料為在來米粉。

解析：紅龜粿是用糯米粉加入水、糖及紅色素，再經包餡、壓模成型，放入蒸籠內蒸炊製成的。

062.(×) 製作油蔥粿之主原料為圓糯米。

解析：油蔥粿是以混合了的在來米粉與蓬來米粉加水調味後成為原料，倒入蒸盤中一層一層的蒸熟，當每一層快蒸熟時，再鋪上油蔥酥，使成為多層次的漿（粿）粉類米漿型製品。

063.(○) 製作筒仔米糕之主原料為糯米。

064.(×) 粳米與糯米之性質相近，所以加工時可隨意選用。

解析：粳米大多是蓬來米與在來米類等，含有較多直鏈澱粉；而糯米又分為長糯與圓糯米等，含有較多支鏈澱粉，所以其性質並不相同，不可以隨意選用。

065.(×) 米粉絲可用蓬來米製作，因其黏性較低。

解析：米粉絲要使用在來米來製作，因其黏性較蓬來米低幾乎無黏性，且質地較為堅韌，吃起來有股Q勁。

066.(×) 冷凍米食製品中可以添加防腐劑。

解析：按照我國食品衛生法規中的規定，冷凍米食製品不可以添加防腐劑。

067.(×) 糯米黏性高，因含有麵筋。

解析：糯米因含有較多的支鏈澱粉，所以其黏性高，並非因含有麵筋之緣故。

068.(×) 米食製品可用硼砂處理，口感會較佳。

解析：米食若以硼砂處理，成品雖口感佳且具彈性，但硼砂因含硼酸這種致癌物，所以政府已明令公告禁止使用。

069.(○) 米食加工製作上，如有必要也可添加麵粉。

070.(×) 煮飯時，使用新米或陳米（舊米）對品質沒有影響。

解析：在煮飯時，由於新米的吸水率較慢，所以煮的時間要稍長些。而舊米的吸水率較佳，所以煮的時間較快，無論是新或舊米都會影響其品質。

071.(○) 部分米食加工製品使用陳米（舊米）製作時，品質較佳。

072.(○) 米食加工製作上，如有必要可以使用合法的食品添加物。

073.(×) 稻穀經脫殼、碾白後，更有利於貯藏。

解析：稻穀經脫殼、碾白之後已成精白米，較容易遭受蟲害或環境破壞污染，不利於貯藏。

074.(○) 傳統上油飯之製作以糯米為原料，但如有必要亦可添加蓬來米。

075.(○) 馬鈴薯澱粉與小麥澱粉之物理化學特性是不同的。

076.(×) 一般所稱之澄粉是由米中抽取之澱粉。

解析：一般所稱之澄粉，是指由小麥澱粉形成麵筋後再經水洗乾燥而製得的澱粉，並非是由米中抽取之澱粉。

077.(○) 鹼粽一般是用糯性米種製作而成。

078.(×) 鹼粽應加入防腐劑，以延長保存期限。

解析：製作鹼粽不得添加防腐劑，必須經高溫蒸煮殺菌並處理冷卻後，再放入冷藏或冷凍庫中才可以延長其保存期限。

079.(○) 碗粿若使用蓬來米製作，其品質質地與在來米製成者不同。

080.(×) 食品添加物，可隨意添加於米食製品中。

解析：食品添加物須按照規定，將一定之使用標準範圍與劑量添加於米食製品中，不可以隨意添加。

081.(×) 米花糖所使用的米原料為蒸熱烘乾之在來米。

解析：米花糖是以蓬萊米或圓糯米製成之米乾為主原料，待經油炸成米花後，與適當濃度的糖漿及配料拌合均勻再切塊所得之產品。

082.(×) 米澱粉是用白米直接磨粉而成的。

解析：太白粉是將樹薯的根部磨碎水洗後，再經烘乾而製成的澱粉。

083.(×) 米食加工用的調味劑僅指鮮味劑。

解析：米食加工用的調味劑不僅只有鮮味劑，還包括鹹味劑、品質改良劑、食品用添加劑等。

084.(×) 米食加工用的防腐劑之使用範圍有嚴格規定，但使用量並沒有規定。

解析：依照我國食品衛生法規中食品添加物使用範圍及用量標準之規定，米食加工用防腐劑之使用範圍與使用量都有嚴格的規定。

085.(×) 米澱粉、小麥澱粉、樹木薯澱粉，其理化特性完全相同。

解析：米澱粉、小麥澱粉、樹（木）薯澱粉，其澱粉是由無數個葡萄糖分子結合而成，又分為兩種不同性質之葡萄糖鍵組而合成的直鏈澱粉（α－1，4）與支鏈澱粉（α－1，6）為主，所以其理化特性完全不同。

086.(×) 白米的營養價值比糙米佳。

解析：白米因已經過去穀、粗碾、精白，大部份的營養成份都已流失，所以其營養價值比未精白過的糙米來得高。

087.(×) 在來米粉就是米澱粉。

解析：太白粉是將樹薯的根部做為原料，經磨碎、水洗之後再烘乾製成的澱粉，所以也稱作樹薯澱粉。

088.(○) 製作蘿蔔糕時可以加入適量的玉米澱粉。

089.(○) 製作台式年糕時可以加入適量的蓬來米。

090.(○) 製作粿粽時可以加入適量的麵粉。

091.(×) 製作傳統八寶粥之主原料為在來米。

解析：製作傳統的八寶粥時，因其口感要具有黏性且成品的外觀至少需有8種以上的配料而且湯汁要具有濃稠狀之口感，因此，是要以含量豐富的支鏈澱粉且黏性強的圓糯米為其主要之原料。

092.(○) 製作海鮮粥之主原料為蓬來米。

093.(○) 用良質米煮成的白米飯，其品質較一般白米煮成者為佳。

094.(○) 製作便當之白米飯，應選用良質米較佳。

095.(×) 蒸煮白米飯只要講求原料米的品質，不必注重炊飯的技巧。

解析：蒸煮白米飯除了要講求原料米的品質之外，還要注意烹飪處理的技巧，如：洗米、浸米、加水量、燜飯等。

096.(×) 製作米粉絲除了用在來米外，澱粉添加量愈多，米粉絲風味會愈好。

解析：欲使米粉絲的風味更佳，製作時要儘量全部使用在來米，最好不要再添加其他澱粉，否則會降低其堅韌與成品的彈性而破壞口感。

097.(○) 蘿蔔糕產品不宜選用新米製作。

098.(×) 糯米中的澱粉不含支鏈澱粉。

解析：糯米之中的澱粉大都含有99～100%的支鏈澱粉，僅含有微量的直鏈澱粉，所以其黏性較強。

099.(○) 湯圓與元宵的原料米都是糯米。

100.(×) 造成原料米加工過程中，黏性不同的主要原因是蛋白質含量不同。

解析：原料米的加工過程中，造成黏性相異的主要原因是在於其澱粉中所含支鏈澱粉之比例多寡。一般而言，黏性愈大，其所含之支鍊澱粉愈多。

101.(○) 愈細的米穀粉製得的麻糬，其品質愈佳。

102.(×) 以水磨法磨米漿時，米不必用水浸泡。

解析：以水磨法磨米漿時，原料米需經過長時間的浸泡後再使用磨粉機來磨粉，否則容易在磨製時使米粒的溫度過高，進而影響到米的品質。

103.(○) 在所有的米種中，圓糯米的老化速度最慢。

104.(×) 吊白塊及硼砂可添加於米食製品中，以改善產品的品質。

解析：吊白塊是用來做漂白之用，而硼砂則可使成品具有Q勁、彈性好之口感，但兩者都已經被政府明令公告禁止使用，皆為不合法之食品添加物。

105.(×) 鳳片糕是以熟在來米粉為主要原料。

解析：為了要得到結著良好的造型與外觀，必須使用具有黏性且經過烘炒熟的圓糯米粉（鳳片粉）來做為主要原料。

106.(○) 製作粿粽之原料米，以圓糯米為最佳。

107.(○) 粳稻的粒型較短圓，而秈稻的粒型較細長。

108.(×) 米食製品以糙米為原料比白米為原料之貯存期長。

解析：米食製品不能以糙米為原料，因糙米只是將原米去除稻殼尚還殘留具有纖維質成份的米糠層，所以不適合用於米食的原料中，要選用精白米較適當。

109.(○) 果糖漿是很好的甜味劑，在米食加工用途上，已可部分取代糖的地位。

110.(○) 舊米與新米有不同吸水率。

111.(×) 在清洗磨漿機時，馬達部分可用水沖洗。

解析：在清洗磨漿機時，要注意避免將水沖洗到馬達的部分，因為馬達是水磨機的心臟，內部都是電線等線圈所圍繞之器材，容易因進水造成電器短路或漏電。

112.(○) 清洗米食加工機具時，應使用符合食品衛生安全之清潔劑。

113.(×) 脫水機使用的濾布每天都要使用，所以不必每日清洗。

解析：脫水機的濾布不僅要過濾已磨製好的米漿，且內部因含有雜質，所以每一次使用過後都要取下來清洗乾淨，並且烘乾以利下次再使用。

114.(×) 磨漿機使用之插座內保險絲斷了，可用銅絲替代。

解析：磨漿機因電流的功率很大，使用時比較會發熱而容易引起電線走火，所以一定要用在受熱時較易融化且斷裂的鉛絲，切勿使用不易燒斷的銅絲。

115.(○) 米食加工時若機器操作不當或故障發生時，應先切斷電源再進行修復。

116.(×) 220伏特電壓設計之米食加工機器，可使用110伏特之電源。

解析：若將220伏特電壓設計的米食加工機器插於110伏特之電源時，會引爆產生火花，使插頭與電線燒壞而造成電器短路現象。

117.(×) 米食加工炊煮設備使用之能源就成本比較，瓦斯較電為貴。

118.(○) 飯鍋的材質會影響煮飯的品質。

119.(×) 米食製作時，因蒸籠在使用時，均以高熱處理，已有殺菌作用，故蒸籠平常可不必清洗。

解析：蒸炊米食製品的蒸籠，雖在高熱時已具備殺菌之作用，但由於蒸籠內因為藏污納垢，所以當製作完畢時待冷卻不用時，必須加以清洗後再曝曬。

120.(○) 米食加工用之蒸籠布應時常更換、清洗及曝曬，以免遭微生物污染。

121.(×) 米食製品的器具可用洗衣粉洗滌。

解析：洗衣粉不屬於食品用的清潔劑，且又含有螢光增白劑，若誤食過量將會引發致癌之現象，所以是不可當作為米食等食品器具的洗滌劑。

122.(○) 水磨法製作米漿，最大的優點為溫度較不易上昇，產品品質較佳。

123.(○) 紅龜粿的印模材質有木質、塑膠與金屬製品，均可使用。

124.(○) 處理熱飯時所用飯匙，避免使用較不耐熱之PVC塑膠製品。

125.(○) 傳統上新竹米粉絲的乾燥，係以日光曝曬，但以衛生及品質管制的觀點而言，不如熱風乾燥法佳。

126.(×) 脫水機可應用於脫米漿，米漿濃度愈高，脫水速度愈快。

解析：脫水機可以用於米漿的快速脫水之用，但若米漿的濃度過高，表示原料中之固形物含量多，所以其脫水的速度要愈慢而非快，這樣才能慢慢地將米漿內的水份脫除。

127.(○) 木或竹製蒸籠使用時，最好在鍋上放一塊有孔之集氣墊板，比較安全。

128.(×) 年糕蒸盤最好使用底部無孔之容器。

解析：年糕的配方中因所含的水量較多且厚度較高，所以要使用底部有孔之容器，先鋪上耐熱的玻璃紙或是保鮮膜，再倒入原料蒸炊，將有利於年糕完全蒸熟。

129.(×) 蒸年糕時，直接於蒸籠內墊玻璃紙，旁邊不可留孔隙，以防止蒸汽跑出。

解析：由於年糕的原料是糯米粉，具有黏性且受熱時易產生收縮，所以，在蒸年糕時要保留一小隙縫的透氣孔，避免蒸籠內的蒸氣壓力太大，進而因水氣多使年糕過度吸水回軟發黏，造成表面收縮之現象。

130.(○) 磨米漿時若顆粒太粗，可以調整磨漿機磨盤之間隙。

131.(×) 攪拌機攪拌漿糰時，攪拌缸內漿糰越多，攪拌速度可以越快，比較容易拌勻。

解析：當攪拌機在攪拌漿糰時，若攪拌缸內的漿糰愈多，其速度要調慢，否則在快速攪拌大量的漿糰時，馬達因輸出功率不足負荷過大而產生高熱會有引發電線走火之危險。

132.(○) 竹蒸籠使用後要洗乾淨再回蒸，乾燥後才可收存。

133.(○) 蒸鍋內的水最好是鍋高的70～80％，才可產生足夠的蒸氣量。

134.(×) 蒸米食製品用的蒸櫃（箱）排氣閥要全部密閉，不可有一點漏氣，以防止蒸汽洩漏。

解析：在蒸炊米食製品時，若以蓬萊米粉或在來米粉為主要原料時，蒸箱須保持密閉才能蒸熟，而若以糯米粉為原料時，不可全蓋密閉，要保留一個縫隙的透氣孔，以免造成成品表面產生嚴重收縮之現象。

135.(○) 炒鍋清洗時若使用鋼刷，要沖洗乾淨，以免鋼絲殘留造成污染。

136.(○) 米食加工機器安裝時，必須接地線以確保用電安全。

137.(○) 切菜機運轉時或未完全停止時，切勿將手或工具放入機內，以免造成傷害。

138.(×) 為了縮短米浸漬的時間，浸水溫度即使高於70℃亦無妨。

解析：為了要縮短浸米的時間，浸水的溫度最好不要超過60℃，因此時若水溫過高，會使米粒中的澱粉提早產生糊化作用，而影響到其吸水性。

139.(○) 乾磨米穀粉與濕磨米穀粉之品質不相同。

140.(○) 製作碗粿，米漿最好能先適度糊化，才會有質地均勻之產品。

141.(○) 蒸炊米食的溫度與時間，對米食製品的品質很重要。

142.(×) 米粉絲乾燥時，只要控制乾燥溫度即可，熱風之濕度可以不須考慮。

解析：米粉絲乾燥時，除了要控制乾燥時的溫度外，還必須同時控制其熱風的速度，才能使米粉的乾燥程度保持一定且均勻。

143.(○) 製作蘿蔔糕時，米漿之黏稠度對產品品質有相當影響。

144.(×) 漿糰（粿粹）係將米漿脫水，不須經過揉捏即可製作之產品。

解析：將米漿脫水之後，取出總量的10％煮熟後所得的熟漿糰稱為粿粹，能增加在製作搓揉時的黏性、伸展性與彈性。

145.(○) 膨發類米食製品，可用油炸或烘烤等方式使之膨發。

146.(○) 糕仔粉是將米粒蒸熟後，磨製成的熟粉。

147.(×) 浸漬處理不影響濕磨穀粉之性質。

解析：米在磨漿之前，必須先用水浸漬約6～8小時後，待米粒完全分均勻地吸收水份後才能開始磨漿，否則會影響到其性質。

148.(○) 米漿脫水方式，一般常用者為油壓、離心及真空脫水。

149.(○) 傳統搖元宵用的餡，若過份軟黏，則不易操作。

150.(×) 良好的油飯，只需將米粒炒熟調味即可。

解析：良好的油飯是要用長糯米做原料，先用水浸泡約1小時，移至蒸籠上以沸水旺火蒸炊約30分鐘至熟透，再放入炒鍋中加入配餡料與調味品拌炒均勻即可。

151.(○) 肉粽因種類不同，可用蒸或煮的方式製作。

152.(×) 湯圓若直接放入冷水煮熟，不易破皮。

解析：湯圓放入水中煮時，水一定是要呈現沸騰之狀態，待湯圓浮起時，加入冷水再次煮至沸騰，此即所謂的「打冷水」，不僅可防止湯圓表面煮破皮，吃起來還更有咬勁。

153.(○) 傳統上，湯圓用〝包〞的方式，而元宵用〝搖〞的方式製作。

154.(○) 傳統米粉絲一般分為水粉及炊粉兩種。

155.(×) 米漿脫水時，濾布之材質與孔隙大小，不會影響漿糰之品質。

解析：米漿脫水時，使用之濾布的材質與孔隙大小皆會影響到漿糰的品質，濾布的材質最好使用厚質的綿紗布，其孔隙大小剛好可以使米漿中的水分流出。

156.(×) 製作米漿時，米可直接浸漬後磨漿，不必洗米。

解析：在製作米漿時的原料米在浸漬之前必須要先經過洗米，一定要將依附在米粒上的灰塵與雜質等淘洗清洗乾淨之後再來做浸漬泡水的處理。

157.(○) 米漿脫水操作時，同一轉速下，濾布孔隙越小所需時間應愈長。

158.(×) 煮飯時可隨時掀蓋觀看飯鍋內之情況，對米飯品質不會影響。

解析：煮飯時因蒸鍋內充滿高熱的蒸氣，若在蒸煮的過程掀蓋觀看，容易使鍋內的溫度急劇的降低，使米飯因此煮不熟透而影響品質。

159.(×) 米漿脫水時間長短，不會影響米食製品的品質。

解析：米漿脫水時，最好使用快速脫水機，儘量在最短的時間內將水脫除，才能保持漿糰的新鮮度，避免因細菌作用而產生酸化之酸味，才不會影響到米食的品質。

160.(○) 米花糖製作時，油溫之高低會影響品質。

161.(×) 米花糖所用之糖漿，只要煮沸騰即可。

解析：米花糖所使用的糖漿，必須煮至沸騰冒泡具有濃稠狀（約113～115℃），且滴入冷水中不散開而形成軟球狀之糖漿才可。

162.(○) 利用粽葉或荷葉包米食製品，使用前應先用溫水浸泡清洗。

163.(○) 綁粽子用之繩子，在衛生安全性上，棉繩較塑膠繩好。

164.(×) 一般而言，製作米食時其副原料不須秤重，大概以手抓即可決定。

解析：製作米食時，因為副原料含量較少，所以更須精準地秤量，絕不可只用手來抓取大約的重量。

165.(○) 秤米原料宜使用度量衡工具。

166.(○) 原料米浸漬的時間與溫度，會影響米食製品的成品品質。

167.(○) 新米與舊米之加工性質不同。

168.(○) 年糕蒸煮的時間與含糖量及體積大小均有關。

169.(○) 米食製作時，配方中之百分比應正確計算，才可以控制產品品質。

170.(×) 米漿用脫水機脫水與一般壓搾法脫水時，製品品質完全沒有差異。

解析：米漿若使用脫水機脫水時，其速度雖較快，但排出的米漿水因含澱粉質較多，所以品質較差。而使用一般的壓榨法，雖然脫水的時間較長，但因其所含的澱粉質層較厚，所以製品的品質較佳。

171.(×) 夏天於室溫浸泡白米時，即使浸泡隔夜也不必換水。

解析：夏天在室溫下浸泡白米時，因水溫容易上升而引起空氣中的野生細菌，如：乳酸菌、醋酸菌等滋生而產生發酵之酸味，所以要經常的更換水以免產生變質。

172.(○) 米食蒸煮過程中，不可以時常打開蓋子，以避免蒸氣逸散。

173.(○) 急速冷凍對米食製品的品質破壞比慢速冷凍為小。

174.(○) 配方中所用原料的實際百分比，是指各項原料用量與總原料用量的百分比。

175.(×) 以機械洗米時，攪拌器的速度愈快愈好。

使用機器洗米時，其攪拌機的速度不能愈快，須以慢速將米上所殘留的雜質清洗乾淨，若使用快速，不僅洗不乾淨，還容易使米粒產生粉碎之現象。

176.(○) 製作米食加水1公升的重量約等於加水1公斤。

177.(×) 利用水煮與蒸汽製作的米粉絲，其品質完全相同。

解析：用水煮所製作出來的米粉絲，質地較為軟爛；而用蒸氣所製出的米粉絲，其質地較為堅韌，這是因澱粉吸水量之多寡影響了糊化的程度，因此使產品成為有不同之口感。

178.(×) 米粉絲成型之方式有油壓式、擠壓式及垂滴式。

解析：米粉絲成型之方式是以油壓式擠壓機將粉糰擠壓出成型，再經過蒸熟而成之製品。

179.(×) 機械洗米時，用水量愈少愈好。

解析：洗米時不應慢慢淘洗，必須先加入大量的水輕輕淘洗約1～2次之後，再予以快速的沖洗，藉由米粒與米粒間的摩擦將雜物洗去，不可用力搓揉，以免造成營養素之流失。

180.(○) 浸米的溫度與時間應注意控制，以免微生物滋長影響品質。

181.(○) 米粉絲在擠絲階段，粉糰不宜太黏以利於操作。

182.(×) 芋頭糕蒸熟過程中，宜用小火，品質才會較細膩。

解析：芋頭糕是以在來米粉加水與其他的配料調和而成的米漿為原料，因其含水量較高，須使用中火來蒸炊才能使內外均勻地熟透，品質才會較為細膩。

183.(×) 米食配方制定時，計算原料均以水（100%）為基準。

解析：米食配方在制定時，並非以水做為主原料，而是要以所使用最多的原料來做主原料（百分比100%），以此做為基準。

184.(×) 原料米先洗再浸泡，米粒較乾淨，品質較佳。

解析：原料米若浸泡之後再沖洗的話，除了會使營養素流失，還會造成米粒中胚芽層內之糊粉層流失。

185.(○) 蒸發粿時宜採用大火，表面比較會有裂紋。

186.(○) 湯圓所用之漿糰可加少許油脂，產品較滑潤好吃。

187.(×) 磨米漿時多加水，可縮短磨製時間，且米漿會比較細。

解析：在磨製米漿時，其所加入的水量皆有一定限制，約添加米的重量三倍之水量，並非無限制添加，而且不能縮短磨製之時間，否則磨出來的米漿顆粒會較粗。

188.(○) 鳳片糕是用糖漿（糖清仔）與鳳片粉（熟糕粉）直接攪拌製作，不必蒸熟即可食用。

189.(×) 雪片糕宜採用大火蒸熟，品質會比較好。

解析：雪片糕是以烘炒熟的圓糯米粉或蓬來米粉為主原料，加入糖、油等材料拌勻、過篩，經壓模成型蒸熟過之後，再切成薄片之產品。因其原料已經預先熟化，所以不需要用大火來蒸，只要用小火略回蒸一下就可以得到好的品質。

190.(×) 製作碗粿的米漿不必糊化，可直接裝碗蒸熟。

解析：碗粿是用在來米粉為主原料，再加入少許的太白粉、水和炒料調味，由於漿糊是生原料，所以必須先經過部分糊化後再入蒸籠內蒸炊，才可成為質地細緻均勻之成品。

191.(○) 新米煮飯需水略少，舊米煮飯要多加些水。

192.(○) 蒸碗粿時，要看是否已蒸熟，可以取一支竹筷插入碗粿中，若不黏筷就表示熟了。

193.(×) 米浸泡後要快速搓洗。

米在浸泡過水後不宜快速搓洗，此時因沾黏附在米粒上之雜質、雜物尚未完全分離沈澱，若立刻搓洗，反而會因此洗不乾淨。

194.(○) 米粒糊化溫度約在60℃～70℃，因此浸米之溫度應在糊化溫度以下。

195.(×) 米漿的糊化程度對發粿或碗粿的品質不影響。

解析：發粿米漿的稠度要較稀稠，而碗粿米漿的稠度要較黏稠，所以原料的黏稠度對於產品來說是有很大之影響。

196.(×) 製作碗粿時，米漿的黏稠度愈稠愈好。

解析：製作碗粿時，米漿的黏稠度調至適當即可，不要太稀或太稠。太稀則所蒸出來的成品不結實，形成軟黏之現象，太稠則口感會過於堅韌紮實。

197.(○) 米漿用離心機脫水如脫的太乾，則其漿糰不易蒸熟。

198.(○) 肉粽以加壓鍋蒸煮，不但可縮短蒸煮時間，亦可增加風味。

199.(○) 以適當的植物葉片（如麻竹葉、香蕉葉）包裹米食，不但可增加風味，亦不會製造環保問題。

200.(○) 製作米食所使用的植物葉片，一般須經過清洗及殺菁（水煮）較理想。

201.(○) 發粿會裂開，主要是添加發粉的關係。

202.(×) 製作發粿時，發粉添加後到蒸的時間，越長越好。

解析：製作發粿的麵糊在完全攪拌均勻後，必須立刻送至蒸籠內用大火蒸炊，不可放在外面延至太久，否則發粉會釋出二氧化碳失去其膨大性而導致膨脹不良。

203.(×) 發粿裂開的形狀與製作技術無關。

解析：發粿因米漿中因有添加發粉等膨大劑之原料，而且要等待蒸籠的水完全的沸騰開之後，才能移至蒸籠內以大火來蒸炊才能產生具有漂亮裂開的形狀，所以是與製作的技術息息相關的。

204.(×) 蒸紅龜粿或年糕，用大火或高溫會愈快熟化定型。

解析：蒸紅龜粿或年糕時，一定要使用中小火且留一個小縫隙來透氣，以免因大火所產生的高蒸氣壓力造成收縮，且籠內的蒸氣也會會水氣過多而使製品吸水過量膨大過度。

205.(○) 磨米漿時，米及水的下料速率應控制好，以免影響米漿品質。

206.(○) 米花糖之製作，應注意壓力之控制。

207.(○) 以傳統手工製作之麻糬比機械製作之產品，損耗較低，但費工。

208.(×) 碗粿製作時，糊化攪拌之時間與溫度之控制並不重要。

解析：製作碗粿時，其米漿在糊化時攪拌時間之長短與溫度之高低，皆會影響到成品的凝固程度使成品產生不同之口感。

209.(○) 製作紅龜粿漿糰可加入部分熟化之漿糰，可增加漿糰黏彈性。

210.(×) 米食加工宜慢慢攪拌，才可使其中之麵筋得以形成適度之網狀結構。

解析：米食加工中的主要原料大多是米粒等穀類，其成份為澱粉，並不具有小麥麵粉等筋性，所以不需慢慢地攪拌，可以快速攪拌多次至完全均勻即可。

211.(×) 油炸米花糖時，最理想的油溫是150℃。

解析：油炸米花糖時，最理想的油溫是中溫油（160～180℃），才能使製品得到酥脆之口感。若以50℃的低溫油來油炸，則在油炸鍋內因吸油過多而使口感呈現鬆軟之現象。

212.(×) 糕仔崙宜用大火蒸，蒸越久產品越理想。

解析：糕仔崙的主原料是熟粉類，所以在包餡裝模整型完成了之後是不須要再移至蒸籠上來蒸炊而可以直接來食用，但操作時一定要戴上衛生手套以免造成食品的污染。

213.(○) 圓糯米比稉米所製作的糕仔粉，吸水性大，且產品比較有韌性。

214.(○) 年糕所用之漿糰可加少許油脂，產品較滑潤而好吃。

215.(×) 磨米漿時，米浸泡時間愈短愈好，以免發酸而影響產品的品質。

解析：在磨製米漿時，原料米必須長時間浸泡約6～8小時的，若超過上述時間，則容易引起空氣中的野生菌，如：醋酸菌、乳酸菌等細菌的作用而產生發酵之酸味。

216.(×) 米花糖膨發時，油炸溫度愈高愈好。

解析：米花糖膨發時的壓力並非愈大愈好，可能產生爆炸等危險性，而一般壓力約控制在6～8kg/cm^{3}左右才會有穩定且良好的膨發力，進而使米粒爆出來的米花大小均一，不是愈大粒就愈好。

217.(×) 慢速冷凍對米食製品的品質破壞很小。

解析：慢速冷凍時，因通過其冰晶生成帶（0℃～5℃）的時間較長，使米食製品內的水分子所形成的冰晶顆粒過大，會對食品的組織與品質產生很大的破壞。

218.(×) 蒸煮解凍是冷凍米食製品的最佳解凍方法。

解析：解凍米食製品時，若要快速解凍，可以使用微波爐，但若要以慢速解凍，最好提放在冰箱的冷藏庫中慢慢解凍，最好不要用蒸煮的方式，否則漿導致內外的溫度不均勻而影響品質。

219.(×) 油炸芝麻球時，最理想的油溫是250℃。

解析：芝麻球製作完成後，放入油鍋中油炸的溫度最好以中溫油（170～180℃）來油炸為佳，油炸時溫度的高低皆會影響到製品之品質與外表之顏色。

220.(×) 蒸菜包粿和發粿可用一樣大小的火力。

解析：蒸菜包粿時最好使用中火，而發粿則須放於蒸籠之最下層，且一定要用大火才能使產品具有漂亮之裂口。

221.(×) 製作油飯時，所有原料可以同時加入爆炒。

解析：製作油飯時，待糯米粒已蒸熟時，要先將配料中的投入鍋中爆香，再加入餡料與調味料略炒，最後才加入已蒸熟的長糯米粒拌炒至均勻，一切都要依照程序來烹調，並非將所有材料全部加入一起爆炒。

222.(×) 製作米粉絲必需要完全糊化後再擠絲。

解析：製作米粉絲時，要先將粉糰用擠絲成型機處理擠成絲條狀之後，再經過蒸熟產生糊化即可。

223.(○) 米食產品包裝上應有保存期限之標示。

224.(○) 微波米食之包裝材料，不可含有金屬成份。

225.(×) 米食製品中之添加物，不必標示在包裝容器上。

解析：米食製品中的添加物，要依照我國食品衛生管理法之食品包裝標示中的規定，需將所加入添加物之含量清楚且完整地標明在包裝上。

226.(○) 包裝材料之選用，宜依米食製品種類及貯存長久而異。

227.(×) 傳統年節米食製品可隨意包裝，不必標示。

解析：傳統年節的米食製品，都要按照我國政府衛生單位的規定，像製造廠商的名稱、地址、內容物、重量、食品添加物及製造日期與保存期限等都得標示清楚。

228.(×) 一般PE塑膠袋，可用於微波米食製品的包裝。

解析：因一般普通的PE塑膠袋遇到微波之高熱會產生融化作用，同時亦會產生有毒的氣體，會滲入食物當中使米食製品受到污染，所以不適合用於微波的食品包裝上。

229.(○) 米食製品應在包裝容器上標示製造日期。

230.(○) 米食包裝材料之選用應注意適用性及安全性。

231.(×) 目前市面上所使用之塑膠袋，均可包裝米食並在微波爐內加熱使用。

解析：目前市面上所使用的塑膠袋，其材質都為PE、PVC……等材質，無法放在微波爐之內加熱，其受熱時會產生有毒物質而影響到食品的衛生與安全，所以不可以用來包裝米食之製品。

232.(○) 微波米食製品不宜使用PE包裝材質。

233.(×) 紅龜粿中所使用之紅色色素，不必使用食品級。

解析：紅龜粿中所使用之色素，一定要選用食品級的食用紅色6號之水溶性色素，不可以使用油溶性的紅色鋁麗基、啊娜多等，因其成份內含有甲醛等溶劑，食用後會產生食物中毒。

234.(○) 米食包裝之標示必須合乎國家標準之規定，不可擅自做決定。

235.(×) 米食包裝標示只須說明製造日期，不須標示保存期限。

解析：米食的包裝上除了要清楚標示製造日期外，另還要有保存期限、內容物之成份及製造廠商等標示，以利消費者在購買時作為判斷的依據。

236.(×) 米食包裝標示，不須標明由某某製造廠商製造，只寫明代理商即可。

解析：米食包裝袋上的標示，除了要標明是由那一家製造廠商所生產製造之外，如有其他代理商，也要一起標示以示負責。

237.(×) 微波米食產品，不需要顧慮包裝材質。

解析：微波米食的產品時，首先要顧慮到包裝材質，因微波射線是一種波長短而頻率高的電波，會穿透玻璃、瓷等容器，若遇到含有金屬成份的容器，則會產生反射作用而無法使食物達到加熱之作用。

238.(○) 以環保觀點來看，米食紙盒包裝應較塑膠包裝為優。

239.(×) 所有米食製品，均可使用相同材質之包裝材料。

解析：所有米食製品，皆會按照每種產品的特性、殺菌條件與保存之方式而須使用不同之包裝。

240.(○) 稻穀外殼可視為一種天然環保之包裝容器。

241.(×) 舊報紙可直接用來包裝米食製品。

解析：無論是新或舊的報紙都不可以直接用來包裝米食製品，因報紙上的油墨中含有甲醛或鉛等金屬有毒之成份，絕不可使用在任何食品的包裝上。

242.(○) 包裝好的米食不僅可保護內容物，也有助於貯運與流通。

243.(○) 米食包裝之好壞，對產品之貯存應有影響。

244.(○) 米食製品包裝上應標示製造者及所在地。

245.(×) 米食製品之包裝，僅須標示製造者之名稱，不須註明製造所在地。

解析：米食製品之包裝，不僅要標示清楚製造者的名稱，還必須連同標明清楚其製造所在地的詳細地址、電話和工廠登記證字號等。

246.(×) 米食製品之內容物淨重不必標示在包裝上。

解析：米食製品的內容淨重（N.W）必須同時清楚標示於包裝上，以方便消費者在購買時的選擇與運輸上重量計算時參考之依據。

247.(×) 包裝米食之塑膠材料只須符合衛生即可，不必考慮其毒性或化學作用。

解析：選用米食之包裝材料時，除了必須要符合食品衛生外，還有是否可能產生毒性或化學作用之變化等也要一併考慮，以保障飲食的衛生與安全。

248.(×) 傳統米食製品所用添加物如抗氧化劑可不用標示。

解析：傳統米食製品所使用的食品添加物，如：化學抗氧化劑（BHA、BHT、TBHQ）或天然的抗氧化劑（Vit．E）等皆要按照我國食品衛生法規中的規定標示清楚。

249.(×) 添加食用色素之米食製品，其包裝上不用標示色素名稱。

解析：具有食用色素之米食製品，其包裝上必須一併標示清楚添加何種色素，以利消費者做辨視及購買上之選擇。

250.(○) PVC材質不適合作為微波米食包裝之材質。

251.(○) 油炸類米食製品，需標示抗氧化劑之使用種類與用量。

252.(×) 包粽子之麻竹葉使用前要用熱水浸泡，不必清洗即可使用。

解析：包裹粽子時所用的麻竹葉在使用前一定要先浸泡過熱水，除了具有殺菌的功能之外，還可以去除依附其上的雜物，並使竹葉能產生香氣。

253.(○) 糯米腸可用可食性腸衣或生豬腸製作。

254.(×) 市售珍珠丸子若經密封包裝，可不必有任何標示。

解析：市售的珍珠丸子雖然經過密封包裝等處理，但包裝上還是要註明製造商的地址、電話、登記證字號、內容物之成份與製造日期和保存期限等資訊。

255.(×) 已過保存期限之米食製品，若產品之品質尚未異常，可重新包裝並更改保存期限。

解析：已過保存期限的米食製品，無論產品之品質是否有異常或變質，皆不可重新再包裝與更改保存之期限，有違反我國食品衛生的法規。

256.(○) 米食製品之成分，用在包裝上標示的次序，依規定應由多而少。

257.(×) 米食製品之包裝標示，只要符合中央標準局的衛生法規及中國農業標準（CAS）中之一即可。

解析：米食製品包裝之標示，必須符合我國食品衛生管理法中食品包裝標示之規定才可，並非根據中央標準局的衛生法規及中國農業標準（CAS）規定來作為主要之依據。

258.(×) 肉粽有粽葉包著，且已蒸煮過，所以在室溫下久放不會變質。

解析：肉粽雖然有粽葉來包裹且也已經蒸煮過，但仍不可以放在室溫下過久，不僅容易造成仙人掌桿菌的污染之外，也會因細菌滋生造成腐敗而產生食物中毒。

259.(○) 雖有品管儀器測定產品品質，但官能品評仍是決定米食產品好壞的一個重要方法。

260.(○) 米食製品之品質，應同時注意外表與內部的品質。

261.(○) 好的年糕，外型要平整有光澤，組織宜柔韌細軟。

262.(○) 良好的雪片糕，應色白、光潔平整，切薄片彎曲後不易斷裂。

263.(×) 米食製品之品質評定，只須由廠長或老師傅決定即可。

解析：米食製作完成後之品質評定，除了是由廠長與老師傳來做評定外，還須事先經過製造員、品管員等現場工作人員先品評完後，再交予上級來做最後的評定。

264.(○) 品質好之發粿，應表面裂痕均勻，鬆軟而不黏牙。

265.(○) 良好品質之蘿蔔糕要軟硬適中，風味口感良好。

266.(○) 濕磨與乾磨處理後之米穀粉其理化特性會有差異。

267.(○) 評定米食製品品質好壞的品評員，應事先受過訓練。

268.(×) 芋頭糕的內部品質，必須是鬆散且有大氣孔才好。

解析：一個好的芋頭糕，內部必須組織緊密而紮實，而且無不規則的大氣孔。

269.(○) 米苔目經煮熟後不斷裂，表示其品質較佳。

270.(○) 炒飯中的飯粒，應力求完整性且不黏牙。

271.(×) 鳳片糕的品質要求是具有砂粒感的質地以及濃厚的米香味。

解析：鳳片糕是經烘炒熟的圓糯米粉作成，所以其品質上除要求具有粉末狀且細緻外，還須無濃厚的炒焦味，才可以稱得上是好的鳳片糕。

272.(○) 蘿蔔糕除了要注意質地外，外觀之色澤亦很重要。

273.(×) 使用蓬來米製成的油飯，其品質與使用糯米者相同。

解析：製作油飯時，為了得到較有黏性之口感，必須使用具有較多支鏈澱粉的長糯米來製作，不能使用較無黏性的蓬萊米，兩者所製造出來的油飯品質和口感有很大的不同。

274.(○) 發粿製品之頂端未裂開者，表示品質不佳。

275.(×) 油蔥粿在調味時，必須添加生的紅蔥頭使風味變佳。

解析：製作油蔥粿時，須使用經油炸過的熟紅蔥頭（一般稱作油蔥酥）來調味，這樣才能使原料中的紅蔥容易蒸熟且具有油炸過的蔥香味。

276.(○) 豆沙粽中若夾有生米粒，係因甜豆沙餡處理不當所造成的。

277.(×) 製作甜八寶飯時，若將糖與原料米拌勻後再蒸熟，其品質較佳。

解析：製作甜八寶飯時，要將原料米（圓糯米）先蒸熟之後再趁熱與糖拌均勻，不可同時加入米中再放入蒸籠內一起蒸，否則加入的砂糖會因吸收了水蒸氣而使原料米蒸不熟。

278.(○) 傳統的鳳片糕均會加入少許香蕉油，以增加香味。

279.(×) 發粿外表要漲的很大，表面平坦，有無裂開沒有關係。

解析：發粿的外表膨脹適度就好，並非要漲得很大，表面至少要有三瓣以上膨脹均勻之裂口，所以其外觀不可以是平坦狀，必須有完整凸起之裂痕。

280.(○) 芋頭糕表面宜光滑平整，內部配料分布均勻。

281.(○) 芋頭糕之組織宜軟硬適中，風味口感良好。

282.(○) 米粉絲宜粗細一致，口感良好。

283.(○) 若米漿糊化不當時，會造成蒸好的碗粿有分層之現象。

284.(×) 台式肉粽的米飯粒是蒸煮的越爛越好。

解析：台式肉粽的米飯是將長糯米先泡水，然後加入炒鍋中與餡料及調味料一同拌炒後包入粽葉中，再以大火蒸煮至米粒熟化且具有良好的外形與口感，並非煮得愈爛愈好。

285.(○) 粽子的風味與使用粽葉的種類有關。

286.(○) 蒸豬油糕時，火要小而時間短，產品品質比較好。

287.(○) 油飯若含有生米粒，係因蒸飯前浸水不足或未蒸熟所造成的。

288.(×) 製作廣東粥時，要有完整的米粒才是好的產品。

解析：製作廣東粥時，其米粒（蓬來米）須在開始煮粥前先加入高湯中，用長時間熬煮至其糊爛並呈現不完整的米粒狀才算是好的產品。

289.(○) 紅龜粿可用蒸熟的漿糰製作，比較不易變形。

290.(○) 碗粿表面平整，不塌陷不出水，表示其品質好。

291.(×) 煮米粉湯之粗米粉應容易斷成小段狀，表示品質較佳。

解析：粗米粉因使用在來米作為原料且含有直鏈澱粉，未煮前的質地應是堅韌而不易折斷狀，這樣煮米粉湯時才不會因水煮時浸泡在大量水中太久而容易斷裂。

292.(○) 九層粿外觀應層次分明。

293.(○) 好的漿糰類米食製品應外表光滑平整而挺立。

294.(○) 一般米食製品品質的檢驗包括水分、質地、色澤等項目。

295.(○) 白米之精白度愈高，煮成白米飯時色澤較白。

296.(○) 荷葉可作米食內包裝材料，並增加產品風味。

297.(○) 米粉絲之水分要控制在12%以下，較不易變質。

298.(○) 製作年糕如添加蓬來米，則皮容易老化。

299.(×) 用圓糯米製作的發粿，質地較鬆，體積較大。

解析：發粿是使用在來米粉為主原料，再添加低筋麵粉等副原料後，以發粉作為膨脹劑而製成質地膨鬆且體積膨大的製品，並非使用了具黏性的圓糯米為主原料。

300.(×) 蘿蔔糕蒸好後，中間部分呈凹陷狀是正常現像。

解析：蘿蔔糕是以在來米粉為原料，添加水成為米漿後，先進行部分的糊化，並加入已炒好的餡料調味而成的米漿糊，最後經蒸熟所得的成品。蒸炊時米漿會因吸水而膨脹，所以其中間部分呈現平坦而略為凸起狀才是正常之現象，若為凹陷狀則表示蒸的時間太久。

301.(○) 八寶粥內所用的紅豆與綠豆，應煮至裂開較佳。

302.(×) 蘿蔔糕的質地愈硬品質愈佳。

解析：蘿蔔糕的質地要柔嫩，而質地愈硬者則因米漿在預先糊化的過程中糊化過度而失去水份，容易產生澱粉老化而產生硬化之現象。

303.(×) 紅龜粿包餡時，餡有點外露，才是好的品質。

解析：紅龜粿在包餡時，其內餡要包入漿糰的正中央，且包入時之漿糰中間要留厚些，以防止包完餡在壓模、脫模之後造成內餡外露出至表面的現象。

304.(×) 鳳片糕的質地愈硬品質愈佳。

解析：鳳片糕是以經烘炒熟的圓糯米為主原料，加入糖漿調製而成的漿糰，再經包餡壓模製成型後的產品，所以其質地應具有柔軟感，並非愈硬品質愈佳。

305.(○) 糙米因含有油脂，故不耐長時間貯藏。

306.(○) 不當之貯存條件，會影響米食製品之品質。

307.(×) 潮濕高溫處，是米食製品之良好貯存場所。

解析：米食之製品若欲短期間保存可以放在冷藏庫內，但若想要做長期保藏，必須放在冷凍庫中才是良好的貯存場所，不可以存放在潮濕高溫處，否則容易產生發霉之現象。

308.(○) 一般稻米之水分含量在15%以下，故可在室溫貯存。

309.(×) 冷凍與冷藏之溫度是相同的。

解析：冷凍所使用的溫度是在－18℃，而冷藏時所使用的溫度為7℃，兩者的溫度是不大相同的。

310.(×) 冷凍調理米食製品之貯存，最適溫度為0℃。

解析：冷凍調理米食之製品，其貯存時最適合的溫度是－18℃，這樣才能維持在冷凍貯藏時的品質。

311.(×) 貯存溫度之高低，對米食製品及貯存期限影響不大。

解析：米食之製品若以7℃的冷藏溫度貯存，大約可以在3～5天，而若以－18℃之冷凍溫度貯存，約可存放至1個月左右，可見貯存時溫度之高低對於貯存期限長短之影響是很大。

312.(○) 原料米應放在陰涼、乾燥、溫度低的地方，以免變質。

313.(○) 有些米食製品是可以冷凍貯藏的。

314.(○) 米食製品若貯存不當，會導致微生物之繁殖。

315.(○) 乾燥處理能夠除去米粉絲的水份，因此可以延長產品的貯存期限。

316.(×) 高水份米食製品，只要採用真空包裝即能長久保存。

解析：高水份的米食製品，除了採取真空包裝的方式外，還必須配合以冷藏或冷凍方式才能做長久的保存。

317.(○) 冷凍食品一經解凍，其中所含的微生物便會恢復生機。

318.(○) 糯米類產品的冷藏安定性比在來米類產品為佳。

319.(○) 為了提高米食製品貯存安定性，可以在包裝袋內放置脫氧劑或乾燥劑。

320.(×) 米食製品做好時，趁熱包裝有滅菌作用，所以可長期保存。

解析：米食製品在剛完成時，因水蒸氣尚在蒸發中，所以不可趁熱包裝，要待完全冷卻後再來包裝，否則製品會因包裝內殘留之水份而引起發霉之現象。

321.(×) 米食製品用真空包裝即不會腐壞，可長期保存。

解析：米食之製品若使用真空包裝方式，在經過長期的存放後也會造成腐壞的現象，所以必須要配合其他外在環境之因素，如：冷藏或冷凍之貯存才能延長及保存期限。

322.(×) 米食製品都必須冷凍貯存。

解析：米食製品不一定須使用冷凍來貯存，若在短期間內要食用，可以放在冷藏庫中貯存以保持其新鮮度。

323.(○) 蘿蔔糕在室溫下貯存較冷凍及冷藏貯存之期限短。

324.(○) 貯存環境對米食製品之品質有密切關係。

325.(○) 紅龜粿為了延長之貯存期限、防止老化，可在表面刷一層油。

326.(○) 米花糖製成成品冷卻後，應儘速包裝以免受潮回軟。

327.(×) 熟糕粉應貯存於乾燥溫熱之場所，才不會加速變質。

解析：熟糕粉應貯存於陰涼且乾燥的地方，不可存放在溫熱的場所，否則易因高溫而加速變質且易產生腐敗等現象。

328.(○) 夏天浸泡原料米可放入冷藏庫或用冰水浸泡，以防浸泡過度而發酸。

329.(○) 年糕內可加入少許油脂，可以延長貯存期又可增加柔軟度。

330.(○) 碗粿冷凍後之品質與新鮮者有差異。

331.(○) 年糕、肉粽為長期貯存，最好貯存在－18℃以下。

332.(○) 元宵、湯圓製作不良，在冷凍時會有破裂現象。

333.(○) 製作環境的衛生條件，會影響米食的貯存期限。

334.(×) 米食製品蒸熟後，趁熱包裝較為安全。

解析：米食製品在蒸熟後，必須等其中心溫度降至常溫之下後才能來做包裝，否則其所揮發的水蒸氣會因此囤積在包裝袋內，容易引起發霉之現象。

335.(○) 米食製品貯存時發生變酸或發霉，主要是衛生不良或經微生物污染而產生。

336.(×) 糕仔崙為了延長貯存期限，可在表面刷一層油。

解析：糕仔崙是以烘炒熟的圓糯米粉或蓬萊米粉來作為主原料，再加入糕仔糖與調味料拌勻、過篩經壓模成型蒸熟之後的製品，為了要延長其貯存期限，並非表面上刷油，而是要將其妥善包裝過再放入冰箱中以保存。

337.(○) 鍋粑未油炸前比油炸後更耐貯存。

338.(×) 豬油糕應貯存於乾燥溫熱之場所，以免加速變質。

解析：豬油糕是以炒熟的圓糯米粉為主原料，再加入糖、油脂等其他的材料拌勻、過篩後，經壓模成型蒸熟後之製品，因其原料中含有糖粉、豬油，很容易受到高溫熱的破壞，使油脂發生變敗而造成變質之現象，因此必須貯存於陰涼且乾燥之場所。

339.(×) 筒仔米糕產品放在蒸箱中，可販售至少三天以上。

解析：若將筒仔米糕放在蒸箱中保溫，其溫度至少要在60℃以上，以避免中溫菌的寄生繁殖而引起食物中毒之現象，但以當天製作當日售完為佳，若要放至隔夜，一定要先存放於冷藏庫中，待第二天取出加熱後才能再販售。

340.(×) 所有米食製品均可在室溫下販售三天以上。

解析：所有的米食製品若當天要販售者，要存放於保溫箱中，否則一律要貯存於冷凍庫之中，絕不可置於室溫下來販售，以免因細菌的滋生而導致食物中毒。

341.(×) 米食製品經包裝後，不需冷藏或冷凍。

解析：米食製品在經包裝過後，一定要放入冰箱中以冷藏或冷凍方式貯存，才能延長其保存期限。

342.(○) 米食製品的貯存條件，應依產品種類而不同。

343.(○) 米食製品若採用真空後再充氮的包裝，則可延長保存期限。

二、選擇題

344.(1) 傳統製造米粉絲之原料米是 (1) 在來米 (2) 蓬來米 (3) 長糯米 (4) 圓糯米。

345.(2) 蘿蔔糕是屬於那一類之米食製品 (1) 熟粉類 (2) 漿(粿)粉類 (3) 米粒類 (4) 膨發類。

346.(1) 下列何者為米粒類米食製品 (1) 米糕 (2) 蘿蔔糕 (3) 雪片糕 (4) 米粉絲。

347.(1) 我國目前以何種米食消費量最大 (1) 米粒類 (2) 漿(粿)粉類 (3) 熟粉類 (4) 膨發類。

348.(4) 稻米蒸煮後何種米的黏度最高 (1) 蓬來米 (2) 在來米 (3) 長糯米 (4) 圓糯米。

349.(2) 一般食用之白米飯是 (1) 在來米 (2) 蓬來米 (3) 長糯米 (4) 圓糯米。

350.(4) 下列何者不屬於米粒類米食 (1) 珍珠丸子 (2) 糯米腸 (3) 台式肉粽 (4) 米苔目。

351.(4) 下列何者為熟粉類米食 (1) 元宵 (2) 湯圓 (3) 米粉絲 (4) 雪片糕。

352.(2) 芋頭糕是屬於那一類米食製品 (1) 米粒類 (2) 漿(粿)粉類 (3) 熟粉類 (4) 膨發類。

353.(2) 傳統上米苔目是以何種米製作 (1) 蓬來米 (2) 在來米 (3) 圓糯米 (4) 長糯米。

354.(2) 下列何者為膨發類米食 (1) 米粉絲 (2) 米花糖 (3) 糕仔崙 (4) 爆米花。

355.(3) 下列何者不屬於漿(粿)粉類米食 (1) 芋粿巧 (2) 碗粿 (3) 鹼粽 (4) 粿粽。

356.(2) 下列何者為米漿型的米食製品 (1) 八寶飯 (2) 發粿 (3) 紅龜粿 (4) 雪片糕。

357.(3) 下列何者為漿糰型的米食製品 (1) 油蔥粿 (2) 鹼粽 (3) 芋粿巧 (4) 鳳片糕。

358.(1) 下列何者為飯粒型的米食製品 (1) 糯米腸 (2) 碗粿 (3) 海鮮粥 (4) 麻糬。

359.(3) 下列何者為粥品型的米食製品 (1) 八寶飯 (2) 米乳 (3) 八寶粥 (4) 米苔目。

360.(4) 珍珠丸子屬於何類米食製品 (1) 熟粉類 (2) 米漿型 (3) 漿糰型 (4) 飯粒型。

361.(1) 雪片糕屬於何類米食製品 (1) 熟粉類 (2) 米漿型 (3) 漿糰型 (4) 飯粒型。

362.(3) 粿粽屬於何類米食製品 (1) 熟粉類 (2) 米漿型 (3) 漿糰型 (4) 飯粒型。

363.(2) 下列何者不屬於漿糰型的米食製品 (1) 粿粽 (2) 碗粿 (3) 芋粿巧 (4) 紅龜粿。

364.(2) 下列何者不屬於米漿型的米食製品 (1) 蘿蔔糕 (2) 雪片糕 (3) 發粿 (4) 芋頭糕。

365.(1) 糕仔崙與鳳片糕屬於何類米食製品 (1) 熟粉類 (2) 米漿型 (3) 漿糰型 (4) 飯粒型。

367.(4) 下列那一個是鹼粽合法之食品添加物 (1) 硼砂 (2) 石棉 (3) 吊白塊 (4) 磷酸鹽。

367.(1) 製作蘿蔔糕須選用下列何種原料米 (1) 在來米 (2) 蓬來米 (3) 長糯米 (4) 圓糯米。

368.(1) 製作碗粿須選用下列何種原料米 (1) 在來米 (2) 蓬來米 (3) 長糯米 (4) 圓糯米。

369.(4) 下列何種食品添加物可用於紅龜粿之製作 (1) 己二烯酸 (2) 苯甲酸鈉 (3) 硼砂 (4) 紅色6號。

370.(2) 澄粉即是 (1) 稻米澱粉 (2) 小麥澱粉 (3) 芋頭粉 (4) 蕃薯澱粉。

370.(2) 製作發粿使用之發粉是一種 (1) 調味劑 (2) 防腐劑 (3) 膨脹劑 (4) 乳化劑。

371.(3) 米食製品之老化，可添加何種食品添加物予以改善 (1) 防腐劑 (2) 品質改良劑 (3) 著色劑 (4) 膨脹劑。

373.(3) 油炸米花糖時，所使用的米原料是 (1) 生圓糯米 (2) 生蓬來米 (3) 蒸熟風乾圓糯米 (4) 生在來米。

374.(1) 為了使碗粿有好的口感宜採用 (1) 在來米 (2) 蓬來米 (3) 圓糯米 (4) 長糯米。

375.(4) 油蔥粿之副原料最好使用 (1) 青蔥 (2) 炸青蔥 (3) 生紅蔥頭 (4) 炸香的紅蔥頭。

376.(2) 俗稱的糕仔粉是屬於 (1) 生粉 (2) 熟粉 (3) 澱粉 (4) 水磨粉。

377.(4) 台式燒肉粽宜選用 (1) 在來米 (2) 蓬來米 (3) 長秈米 (4) 長糯米。

378.(2) 米食製品之食品添加物，何者合乎使用規定 (1) 工業級 (2) 食品級 (3) 試藥級 (4) 飼料級。

379.(4) 糯米與在來米咀嚼感不同，主要是何種成分之影響 (1) 蛋白質 (2) 油脂 (3) 水份 (4) 澱粉。

380.(3) 最佳米穀粉之磨製方式是 (1) 乾磨 (2) 濕磨 (3) 水磨 (4) 碾磨。

381.(3) 米粉絲若久煮不爛是因含高量之 (1) 植物膠 (2) 乳化劑 (3) 直鏈澱粉 (4) 支鏈澱粉。

382.(1) 炒飯所需之米原料絕對不能使用 (1) 糯性米 (2) 粳米 (3) 秈米 (4) 蓬來米。

383.(2) 小蘇打屬於 (1) 著色劑 (2) 膨脹劑 (3) 調味劑 (4) 防腐劑。

384.(3) 發粿最不可能使用之原料米是 (1) 長秈米 (2) 在來米 (3) 蓬來米 (4) 圓糯米。

385.(2) 鳳片糕所使用之鳳片粉，屬於何種米製成之熟米粉 (1) 長糯米 (2) 圓糯米 (3) 在來米 (4) 蓬來米。

386.(2) 目前製作米粉絲最常使用何種在來米 (1) 台中秈10號 (2) 台中在來1號 (3) 台農秈14號 (4) 台南秈15號。

387.(2) 米食加工用的磷酸鹽類是 (1) 防腐劑 (2) 品質改良劑 (3) 黏稠劑 (4) 調味劑。

388.(2) 下列米飯的營養價值高低順序何者是對的 (1) 白米＞胚芽米＞糙米 (2) 糙米＞胚芽米＞白米 (3) 胚芽米＞糙米＞白米 (4) 糙米＝胚芽米＝白米。

389.(3) 製作米食所用糖中，那一種糖甜度最高 (1) 砂糖 (2) 麥芽糖 (3) 果糖 (4) 葡萄糖。

390.(1) 那一種油最不適於長時間連續油炸米花糖 (1) 黃豆沙拉油 (2) 花生油 (3) 葵花油 (4) 棕櫚油。

391.(2) 炸米花糖的油顏色變黑，表示此油炸油 (1) 黏度降低 (2) 品質變劣 (3) 香味增加 (4) 養分增加。

392.(2) 用糯米製作傳統甜年糕是因為 (1) 原料較便宜 (2) 產品不易變硬 (3)產品容易變硬 (4) 顏色較紅。

393.(4) 原料米的品質不須考慮 (1) 品種 (2) 貯存時間 (3) 產品特性 (4) 包裝重量。

394.(1) 製作粿粽須選用下列何種原料米 (1) 圓糯米 (2) 長糯米 (3) 在來米 (4) 蓬來米。

395.(1) 製作元宵須選用下列何種原料米 (1) 圓糯米 (2) 長糯米 (3) 在來米 (4) 蓬來米。

396.(1) 製作芝麻球須選用下列何種原料米 (1) 圓糯米 (2) 長糯米 (3) 在來米 (4) 蓬來米。

397.(3) 傳統粿粽可選用下列何種副原料 (1) 甘薯澱粉 (2) 太白粉 (3) 麵粉 (4) 馬鈴薯澱粉。

398.(2) 製作鹼粽須選用下列何種食品添加物 (1) 酵母粉 (2) 鹼粉 (3) 小蘇打粉 (4) 明礬。

399.(2) 製作鳳片糕須選用下列何種原料 (1) 生糯米粉 (2) 熟糯米粉 (3) 生蓬來米粉 (4) 熟蓬來米粉。

400.(2) 鳳片糕的主要原料是 (1) 生糯米粉 (2) 熟糯米粉 (3) 生在來米粉 (4) 熟在來米粉。

401.(1) 製作芋粿巧，下列何種原料不適用 (1) 糕仔粉 (2) 在來米粉 (3) 糯米粉 (4) 芋頭。

402.(4) 製作米花糖，下列何種原料不適用 (1) 糯米 (2) 糖漿 (3) 油炸油 (4) 在來米。

403.(3) 蒸煮後黏性最強的米是 (1) 在來米 (2) 長糯米 (3) 圓糯米 (4) 蓬來米。

404.(2) 下列那一種米食製品之主要原料不是在來米 (1) 米粉絲 (2) 粿粽 (3) 碗粿 (4) 蘿蔔糕。

405.(4) 下列那一種米食製品之主要原料不是糯米 (1) 湯圓 (2) 紅龜粿 (3) 筒仔米糕 (4) 米粉絲。

406.(1) 糯米黏性的主要來源是 (1) 澱粉 (2) 蛋白質 (3) 油脂 (4) 灰分。

407.(3) 下列那一種米的直鏈澱粉含量最多 (1) 長糯米 (2) 圓糯米 (3) 在來米 (4) 蓬來米。

408.(1) 製作年糕最宜選用下列何種原料米 (1) 圓糯米 (2) 長糯米 (3) 秈米 (4) 粳米。

409.(4) 欲使麻糬的皮存放時不變硬，可添加 (1) 膨脹劑 (2) 著色劑 (3) 香料 (4) 品質改良用劑。

410.(2) 製作米食選用副原料花生仁時，在品質上應特別注意 (1) 顆粒大小 (2) 顏色深淺 (3) 有無長霉(黴) (4) 顆粒完整。

411.(3) 下列何者之營養價值最高 (1) 白米 (2) 胚芽米 (3) 糙米 (4) 米糠。

412.(2) 下列何者不可當做粘稠劑 (1) 澱粉 (2) 發粉 (3) CMC (4) 阿拉伯膠。

413.(3) 煮白米飯時欲使米粒表面光滑平整，不可使用 (1) 乳化劑 (2) 改良劑 (3) 硼砂 (4) 油脂。

414.(4) 八寶飯不適用何種甜味劑 (1) 砂糖 (2) 果糖 (3) 麥芽糖 (4) 糖精。

415.(1) 製作八寶粥最宜選用下列何種原料米 (1) 圓糯米 (2) 粳米 (3) 在來米 (4) 蓬來米。

416.(1) 製作鹼粽須選用下列何種原料米(1)圓糯米(2)長糯米(3)在來米(4)蓬來米。

417.(2) 製作發粿不可選用下列何種食品添加物(1)酵母粉(2)硼砂(3)小蘇打粉(4)發粉。

418.(2) 製作糕仔崙須選用下列何種原料(1)糯米粉(2)熟糯米粉(3)熟漿糰(4)生糯米粉。

419.(1) 麻糬製作過程中添加多量糖是為了(1)防止腐敗(2)增加彈性(3)糖便宜(4)顏色好看。

420.(2) 所謂粳米也就是(1)在來米(2)蓬來米(3)圓糯米(4)長糯米。

421.(4) 下列何者不是煮白米飯時加油脂之主要目的(1)使米飯亮麗(2)不易黏鍋(3)增加風味(4)增加咬感。

422.(4) 下列何者最不適於製作白米飯(1)台中189號(2)台南70號(3)台農67號(4)台中在來1號。

423.(2) 以何種方法磨米,其米粉顆粒最小(1)乾磨(2)水磨(3)半乾磨(4)沒有差異。

424.(1) 蒸煮後黏性最弱的米種是(1)秈米(2)粳米(3)糯米(4)蓬來米。

425.(4) 製作芋頭糕須選用下列何種原料米(1)長糯米(2)圓糯米(3)粳米(4)秈米。

426.(3) 冷凍米食製品中,下列何者可以添加(1)防腐劑(2)吊白塊(3)磷酸鹽(4)硼砂。

427.(2) 米苔目是以下列何種米為原料(1)蓬來米(2)在來米(3)圓糯米(4)長糯米。

428.(1) 下列何種米原料製成之製品老化較快(1)秈米(2)粳米(3)長糯米(4)圓糯米。

429.(1) 煮八寶粥鍋底燒焦時,下列那一種的處置不當(1)用刀子刮(2)先泡在熱水中(3)用竹製品擦拭(4)用菜瓜布刷洗。

430.(1) 清洗米食加工機械時應(1)拔除電源(2)讓機器繼續運轉(3)停機但不必拔除電源(4)看情況選擇操作。

431.(1) 磨漿機設備應(1)每日清洗(2)隔日清洗(3)不必清洗(4)每週清洗。

432.(2) 炊煮設備使用之能源何者最貴(1)瓦斯(2)電(3)重油(4)煤油。

433.(4) 磨漿機有異常或其它不良時,最好之方法為(1)繼續使用至不能運轉再檢修(2)一面運轉一面檢修(3)停機檢修(4)停機檢修時切斷電源並掛上〝禁止送電〞警示牌。

434.(4) 清洗米食器具及機具的正確方法為(1)擦拭(2)用水沖(3)用清潔劑清洗(4)用清潔劑清洗後,以水沖洗並乾燥之。

435.(3) 年糕蒸盤內最理想的墊紙是(1)銅版紙(2)保鮮膜(3)玻璃紙(4)塑膠製品。

436.(4) 蒸年糕的容器最好是使用(1)無底孔墊布(2)有底孔墊布(3)無底孔墊玻璃紙(4)有底孔墊玻璃紙。

437.(4) 蒸發粿的容器最好是使用(1)淺底盤(2)深底玻璃杯(3)面大的淺底派盤(4)湯碗或飯碗。

438.(3) 傳統上紅龜粿的墊底是(1)墊布(2)玻璃紙(3)植物葉片(4)白紙。

439.(2) 傳統的鹼粽最好的粽葉是(1)月桃花葉(2)麻竹葉(3)桂竹籜(4)香蕉葉。

440.(4) 國內工廠所用的米食調理機器，其最不普遍的電壓為(1) 110 V (2) 220 V (3) 380 V (4) 440 V。

441.(4) 可以產生蒸氣的機具是(1)脫水機(2)二重鍋(3)煮飯機(4)鍋爐。

442.(2) 那一種磨米機具最易發熱(1)半乾式磨粉機(2)乾式磨粉機(3)磨漿機(4)濕式石磨機。

443.(4) 以衛生安全考量，油炸槽的材質以何者最佳(1)銅(2)鋁(3)鐵(4)不鏽鋼。

444.(1) 煮糖漿的鍋以何種材質最佳(1)銅(2)鋁(3)鐵(4)不鏽鋼。

445.(2) 傳統米粉絲製作過程中，須將漿糰反覆壓成片狀，此種機器稱為(1)空壓機(2)壓片(輪粿)機(3)油壓機(4)擠壓機。

446.(3) 使用蒸練機製作麻糬時，那一條件較不重要(1)壓力(2)電壓(3)濕度(4)時間。

447.(2) 工業化製作麻糬時，最理想的機具是(1)攪拌機(2)蒸練機(3)二重鍋(4)蒸籠。

448.(1) 糕仔崙最理想的墊底是(1)白紙(2)保鮮膜(3)玻璃紙(4)香蕉葉。

449.(4) 調製芋粿巧漿糰時，最理想的機具是(1)脫水機(2)磨漿機(3)二重鍋(4)攪拌機。

450.(3) 調理蘿蔔糕粉漿時，最理想的機具是(1)脫水機(2)磨漿機(3)攪拌二重鍋(4)攪拌機。

451.(2) 廣東裹蒸粽最好的粽葉是(1)月桃花葉(2)荷葉(3)桂竹籜(4)麻竹葉。

452.(4) 傳統蒸籠於蒸年糕時不必用(1)集氣墊板(2)透氣筒(3)玻璃紙(4)蒸籠布。

453.(3) 蒸練機一般需配合何種機械使用(1)攪拌機(2)蒸籠(3)鍋爐(4)煮飯機。

454.(2) 磨漿機用電的頻率（赫茲）為(1) 50赫茲(2) 60赫茲(3) 110赫茲(4) 220赫茲。

455.(4) 米食加工業上所使用的理想蒸具是(1)竹蒸籠(2)鋁蒸籠(3)不鏽鋼蒸龍(4)蒸櫃（箱）。

456.(4) 米食加工機器安裝時與下列何者無關(1)量測水平(2)防震墊(3)安全操作空間(4)檢查室內溫度。

457.(4) 蒸氣式蒸櫃（箱）使用的鍋爐與下列何者較無關(1)檢視安全閥(2)檢查軟水正常(3)檢視壓力表(4)檢查室內溫度。

458.(1) 加工過程中，於米食製品裝入容器後應(1)放棧板上(2)放地上(3)用紙舖放在地上(4)放機器蓋板上。

459.(1) 米食加工機具使用後(1)立即清洗消毒(2)浸水明天洗(3)不髒下次洗(4)擦乾淨。

460.(4) 要磨較細的米漿，下列因素何者較不受影響？(1)水量(2)磨漿機磨盤之間隙(3)加料速度(4)水溫。

461.(4) 米漿1公斤的重量等於 (1) 1公克 (2) 10公克 (3) 100公克 (4) 1000公克。

462.(1) 煮大鍋飯剛開始要用 (1) 大火 (2) 中火 (3) 小火 (4) 溫火。

463.(2) 傳統熟粉(糕仔粉)之製作係 (1) 以生米直接焙炒磨粉 (2) 米蒸熟乾燥後再焙炒後磨粉(3) 生米焙炒後再蒸熟後磨粉 (4) 生米磨粉後直接焙炒。

464.(3) 漿糰3公斤相當於 (1) 3台斤 (2) 4台斤 (3) 5台斤 (4) 6台斤。

465.(4) 要使艾草粿滑潤好吃，漿糰可加入 (1) 蛋白粉 (2) 麵粉 (3) 蛋 (4) 油脂。

466.(4) 1台斤重的蘿蔔糕等於 (1) 300公克 (2) 400公克 (3) 500公克 (4) 600公克。

467.(2) 芝麻球最理想的油炸溫度 (1) 80～120℃ (2) 140～180℃ (3) 200～240℃ (4) 240℃以上。

468.(4) 影響米飯彈性之最重要因素是 (1) 蛋白質 (2) 灰分 (3) 油脂 (4) 澱粉。

469.(2) 調製普通白粥的用水量大約是米量的 (1) 3倍 (2) 5倍 (3) 10倍 (4) 15倍。

470.(2) 最理想的米花糖糖漿溫度為 (1) 90℃ (2) 115℃ (3) 135℃ (4) 150℃。

471.(3) 夏天浸米之溫度最好保持在 (1) 高溫 (2) 冷凍 (3) 冷藏 (4) 室溫。

472.(4) 對於米漿顆粒之粗細度，下列敘述何者不正確 (1) 會影響產品品質 (2) 會影響加工操作 (3) 應適當的控制粗細度 (4) 不影響產品品質及操作。

473.(1) 米漿糰若要有良好的柔韌度，需要經過適當的 (1) 糊化 (2) 老化 (3) 冷藏 (4) 冷凍。

474.(4) 煮粥時前段加熱最好使用 (1) 微火 (2) 小火 (3) 中火 (4) 大火。

475.(2) 浸米的時間與浸漬的水溫呈 (1) 正比 (2) 反比 (3) 無相關性 (4) 不一定。

476.(4) 製作湯圓時發現漿糰太硬時，不可以採取何種對策 (1) 多加些冷水 (2) 多加些預糊化粿粹 (3) 多加些熱水 (4) 加乾粉。

477.(3) 米粉絲常用的乾燥方法是 (1) 冷凍乾燥 (2) 滾筒乾燥 (3) 熱風乾燥 (4) 真空乾燥。

478.(4) 自然乾燥法比熱風乾燥法具有何優點 (1) 所需乾燥時間較短 (2) 不受到天候的影響 (3) 衛生條件較佳 (4) 省錢。

479.(1) 洗米之過程應該 (1) 快 (2) 慢 (3) 快慢均可 (4) 先浸泡再快洗。

480.(2) 米粉絲擠絲後應以何種溫度蒸熟較理想 (1) 80℃ (2) 100℃ (3) 120℃ (4) 140℃。

481.(1) 蒸芋頭糕宜用 (1) 大火 (2) 中火 (3) 小火 (4) 微火。

482(3) 下列何者不屬於傳統米粉絲之製作過程 (1) 磨漿 (2) 擠絲 (3) 冷凍 (4) 蒸煮。

483.(3) 米的精白度高低不會影響產品之 (1) 白度 (2) 品質 (3) 甜度 (4) 貯存性。

484.(4) 浸米時不必注意 (1) 時間 (2) 溫度 (3) 微生物 (4) 容器大小。

485.(1) 欲得到好的蘿蔔糕製品，其米漿調製時應 (1) 部分糊化 (2) 不必糊化 (3) 完全糊化 (4) 過度糊化。

486.(4) 在米食製品中加入適量其他澱粉時，不會影響 (1) 物性 (2) 化性 (3) 成本 (4)

包裝。

487.(2) 下列何種米食製品必須裝盤才可炊蒸(1)粿粽(2)蘿蔔糕(3)麻糬(4)芋粿巧。

488.(1) 下列何種米食製品不必裝盤，即可炊蒸(1)紅龜粿(2)蘿蔔糕(3)九層糕(4)年糕。

489.(1) 米浸泡後會吸水，吸水重量約為原料米重量之(1)0.5倍(2)1倍(3)2倍(4)3倍。

490.(4) 下列何種米食製品必須先糊化才可炊蒸(1)粿粽(2)芋粿巧(3)年糕(4)蘿蔔糕。

491.(3) 製作八寶粥時，最後加入的原料是(1)紅豆、綠豆(2)薏仁、花生(3)砂糖(4)桂圓、麥片。

492.(2) 製作芋粿巧時，炒過的調配料混入前要先(1)加熱(2)冷卻(3)冷凍(4)與溫度無關。

493.(4) 調製熟糕粉產品時，與何種原料混合會產生韌性(1)糖粉(2)油(3)奶粉(4)水。

494.(4) 下列何種米食製品操作要迅速，品質才會好(1)粿粽(2)蘿蔔糕(3)糕仔崙(4)芋粿巧。

495.(4) 關於米穀粉的粗細度，何者之敘述不正確(1)會影響攪拌時水合作用(2)會影響加工條件(3)會影響產品品質(4)只要成粉狀並不影響品質及操作。

496.(1) 以衛生安全之觀點言，蒸籠布材質應使用(1)棉布(2)PP材質(3)PE材質(4)PVC。

497.(1) 用瓦斯煮飯時在燜飯階段，火力大小之控制應(1)熄火或微火(2)中火(3)大火(4)強火。

498.(3) 綁粽子用的繩子，材質上以何者為佳(1)塑膠繩(2)尼龍繩(3)棉繩(4)橡皮筋。

499.(4) 製作廣東粥時，以何種條件最不重要(1)水分(2)溫度(3)時間(4)容器大小。

500.(4) 米食加工製作時，以何者最不重要(1)原料米選擇(2)蒸煮的條件(3)配方與攪拌(4)室內溫度。

501.(1) 鹼粽所用的鹼粉，下列何者之敘述不正確(1)任何鹼類均可使用(2)會影響成品風味(3)會影響成品顏色(4)須正確控制鹼量與浸漬時間。

502.(3) 何種技術對米食製品老化的影響最低(1)磨漿技術(2)攪拌技術(3)成型技術(4)蒸煮技術。

503.(2) 3公斤的油飯斤等於(1)3台斤(2)5台斤(3)6台斤(4)9台斤。

504.(1) 澱粉老化最迅速的溫度範圍是(1)0～5℃(2)20～30℃(3)50～60℃(4)70～80℃。

505.(1) 做油飯最常選用(1)沙拉油(2)棕櫚油(3)牛油(4)奶油。

506.(2) 何種粽子內容量不能太滿，煮後才不會漲裂(1)台式肉粽(2)鹼粽(3)粿粽(4)豆沙粽。

507.(2) 八寶粥之糖度(Brix)以何範圍較適合(1)5～8°(2)11～13°(3)15～16°

(4) 18～20°。

508.(4) 不會影響米澱粉糊化作用之重要因素是 (1) 水含量 (2) 加熱溫度 (3) 加熱時間 (4) 室內濕度。

509.(4) 產品蒸煮過程中，若蒸煮中水不足，最好補充 (1) 冷水 (2) 溫水 (3) 熱水 (4) 沸水。

510.(1) 與磨米漿的濃稠度最有關係的是 (1) 加水量 (2) 細度 (3) 糊化度 (4) 機械。

511.(3) 要使蒸好的漿糰柔軟最好的方式須經 (1) 攪拌 (2) 用手揉捏 (3) 捶打 (4) 均質。

512.(1) 粽葉主要是增加肉粽的 (1) 風味 (2) 美觀 (3) 安全 (4) 營養。

513.(3) 米粒浸漬時間 (1) 越長愈好 (2) 愈短愈好 (3) 視產品而定 (4) 無所謂。

514.(1) 傳統米乳為了增加風味，一般均添加 (1) 花生 (2) 芋頭 (3) 甘藷 (4) 牛乳。

515.(4) 為了控制米漿的粗細，用機械磨漿時不必調整 (1) 磨石的間隙 (2) 進料速度 (3) 米與水的比例 (4) 電壓。

516.(3) 磨漿時所得之粉漿應 (1) 愈細愈好 (2) 愈粗愈好 (3) 視產品而定 (4) 無相關性。

517.(2) 漿糰經攪拌後，可使漿糰產生良好的 (1) 香氣 (2) 物性 (3) 白度 (4) 甜度。

518.(1) 蒸紅龜粿宜使用何種火候 (1) 小火 (2) 中火 (3) 大火 (4) 強火。

519.(3) 要使湯圓皮的韌性好，可添加 (1) 麵粉 (2) 糖 (3) 熟粉糰（預糊化漿糰）(4) 玉米澱粉。

520.(2) 粽葉在使用前宜做何種處理較好 (1) 泡冷水 (2) 泡熱水 (3) 不須浸泡 (4) 水沖洗即可。

521.(2) 1台兩重的湯圓等於 (1) 32.5公克 (2) 37.5公克 (3) 38.5公克 (4) 50公克。

522.(4) 廣東粥與八寶粥不同的特性是 (1) 水份多 (2) 煮熟的時間較長 (3) 使用米為主原料 (4) 副原料不同。

523(2) 煮白米飯時，一般而言水與米原料之比例宜為 (1) 1：0.5(2) 1：1.2 (3) 1：2 (4) 1：3。

524.(2) 製作油飯使用何種油最香 (1) 沙拉油 (2) 豬油 (3) 棕櫚油 (4) 玉米油。

525.(1) 米浸漬處理時，應該 (1) 先洗淨後再浸漬 (2) 浸漬後再洗淨 (3) 不必清洗 (4) 無所謂。

526.(1) 何種米食製品適用擠壓方式製成 (1) 米粉絲 (2) 碗粿 (3) 米糕 (4) 鳳片糕。

527.(4) 擠壓米食製品時不須考慮 (1) 擠壓溫度 (2) 原料進料速度 (3) 原料水分 (4) 電壓。

528.(1) 米苔目製作時，下列敘述何者為正確 (1) 須先成糰 (2) 調成稀漿直接過篩煮熟 (3) 可添加防腐劑 (4) 使用糯米為原料。

529.(3) 鍋粑宜使用何種油炸溫度最好 (1) 100℃ (2) 150℃ (3) 200℃ (4) 300℃。

530.(4) 鹼粽中加入鹼粉，其主要目的 (1) 防腐 (2) 膨鬆 (3) 甜度 (4) 增加韌性。

531.(4) 以米100％為基準，鹽量2%，若米之用量為250公克，則鹽用量為 (1) 2公

克 (2) 3公克 (3) 4公克 (4) 5公克。

532.(3) 以米穀粉100%為基準，太白粉使用10%，若米穀粉之使用量為300公克，則太白粉之使用量為 (1) 10公克 (2) 20公克 (3) 30公克 (4) 40公克。

533.(3) 配方中米與其它原料之比為1：0.3，若米為12公克則其它原料為 (1) 3公克 (2) 3.3公克 (3) 3.6公克 (4) 4.0公克。

534.(1) 米苔目製作時，會先將一部分漿糰糊化，其主要目的為 (1) 品質較佳 (2) 色澤較白 (3) 殺菌 (4) 降低pH值。

535.(3) 寧波年糕與甜年糕之副原料最大差異是 (1) 澱粉 (2) 油 (3) 糖 (4) 著色劑。

536.(3) 米經隔夜浸漬主要的目的是 (1) 澱粉分解 (2) 蛋白質分解 (3) 加工特性改變 (4) 飽和含水率改變。

537.(4) 造成碗粿貯藏期間容易硬化的最重要因素是 (1) 水分 (2) 蛋白質 (3) 油脂 (4) 澱粉。

538.(1) 紅龜粿在貯藏期間老化的最重要因素是 (1) 澱粉 (2) 油脂 (3) 蛋白質 (4) 水分。

539.(2) 米粉絲採用自然乾燥法的優點是 (1) 所需乾燥時間短 (2) 操作簡單，費用低廉 (3) 品質不易劣化 (4) 不會受到天候的影響。

540.(4) 冷凍米食不適用下列何種方法解凍 (1) 微波 (2) 室溫 (3) 溫水 (4) 日晒。

541.(4) 白米浸泡水的吸水量，不易受到何種因素的影響 (1) 米品種 (2) 新米或舊米 (3) 浸泡水溫度 (4) 容器大小。

542.(4) 下列那一種方法不常用於米漿之脫水 (1) 離心法 (2) 壓搾法 (3) 真空脫水法 (4) 篩分法。

543.(4) 下列那一種解凍方法最不適於米食製品的解凍 (1) 蒸煮解凍 (2) 微波解凍 (3) 室溫解凍 (4) 沸水解凍。

544.(3) 碗粿的預糊化溫度約在(1)30～40℃(2)45～55℃(3)60～75℃(4)95～100℃。

545.(2) 自然乾燥法的最大缺點是 (1) 品質較差 (2) 易受到天候的影響 (3) 所需乾燥時時間較長 (4) 操作費用較高。

546.(1) 蒸芋頭糕和發粿時，火力大小最宜採用 (1) 都用大火 (2) 都用小火 (3) 芋頭糕大火、發粿小火 (4) 芋頭糕微火、發粿大火。

547.(4) 與九層糕無關的製作條件為 (1) 壓力 (2) 時間 (3) 溫度 (4) 加油量。

548.(2) 米食製品通常應注意避免澱粉之老化現象，但何產品須利用老化之現象以促進其品質 (1) 蘿蔔糕 (2) 米粉絲 (3) 肉粽 (4) 鼠麴粿。

549.(2) 蒸糯米飯太硬時要如何調整 (1) 加油拌勻再蒸 (2) 撒水再蒸 (3) 繼續蒸 (4) 加醋蒸。

550.(3) 傳統用何種材料作發粿 (1) 小蘇打粉 (2) 新鮮酵母 (3) 老麵種 (4) 鹼水。

551.(3) 下列何種米食製品要經壓模成型之手續 (1) 米苔目 (2) 年糕 (3) 芋頭糕 (4) 蘿蔔糕。

552.(4) 煮飯時，下列何者較無關米飯品質 (1) 加水量多少 (2) 燜飯時間長短 (3) 原料米品質 (4) 容器種類。

553.(1) 蒸發粿時，要使表面較有裂紋，火力宜採用 (1) 大火 (2) 中火 (3) 小火 (4) 微火。

554.(2) 煮飯時，使用新米及舊米之加水量應 (1) 新米>舊米 (2) 舊米>新米 (3) 二者一樣 (4) 沒有相關。

555.(3) 米食製品做好後，下列敘述何者不正確 (1) 應妥善包裝 (2) 應有製造日期 (3) 不須包裝即可販賣 (4) 應標示內容物。

556.(4) 米食製品包裝材料之選用，下列敘述何者不正確 (1) 應衛生安全 (2) 適用性宜佳 (3) 宜考慮價格與成本 (4) 任何材料均可。

557.(4) 米食製品的包裝宜使用 (1) 真空包裝 (2) 充氮氣包裝 (3) 一般包裝 (4) 視產品而定。

558.(4) 米食製品包裝不一定須標示之項目 (1) 品名 (2) 原料與添加物 (3) 製造日期 (4) 食用方法。

559.(1) 微波米食包裝材質與普通包裝材質 (1) 不同 (2) 相同 (3) 無限制 (4) 無規定。

560.(4) 米食包裝之塑膠包裝材質不可含有 (1) PVC (2) PE (3) PP (4) 有毒物質。

561.(2) 米食外包裝之印刷顏料，下列何者不正確 (1) 不易脫落為宜 (2) 與食物黏著無所謂 (3) 宜在中間層較佳 (4) 色彩宜柔和較佳。

562.(4) 米食製品之包裝標示，宜符合下列何單位公布之標準 (1) 財政部 (2) 內政部 (3) 職訓局 (4) 衛生署。

563.(4) 米食包裝之主要功能不包含 (1) 保護米食之品質 (2) 作業方便 (3) 促進販賣銷售 (4) 滅菌作用。

564.(4) 米食包裝之第一目標是 (1) 儲運方便 (2) 製造方便 (3) 銷售方便 (4) 保護內容物。

565.(2) 為防止米食製品變質，包裝材質宜採用可阻絕什麼氣體的包裝材料 (1) 氮氣 (2) 氧氣 (3) 氦氣 (4) 二氧化碳。

566.(1) 米食產品包裝上之組成份標示次序，應為 (1) 由多而少 (2) 由少而多 (3) 前二項均可 (4) 任意排列。

567.(2) 包裝米食製品時，下列何種包裝材料阻絕性最差 (1) PP (2) 紙 (3) PVC (4) PP。

568.(4) 米食製品採用之包裝材料若有下列何項，才可製造販賣 (1) 有毒者 (2) 易產生不良化學反應者 (3) 有異味 (4) 符合衛生法規。

569.(3) 下列何種油飯包裝材料，最符合環保要求，且最易處理 (1) 塑膠容器 (2) 金屬

容器 (3) 紙容器 (4) 玻璃容器。

570.(2) 下列何種包裝材料氧氣阻絕性最差 (1) PE (2) 玻璃紙 (3) PVC (4) PP。

571.(1) 冰米漿採用PE袋裝即指 (1) 聚乙烯袋 (2) 聚苯乙烯袋 (3) 聚丙烯袋 (4) 聚乙烯乙酯袋。

572.(3) 米食製品包裝用的PVC是指 (1) 聚乙烯 (2) 聚苯乙烯 (3) 聚氯乙烯 (4) 聚丙烯。

573.(1) 米食製品之包裝材料最易產生異味者為 (1) 塑膠 (2) 金屬（塗漆）(3)紙盒 (4) 鋁箔盒。

574.(2) 米食包裝材料何者水氣阻絕性最差 (1) PE (2) 玻璃紙 (3) PVC (4) PP。

575.(2) 米食製品包裝之標示，目前何者不須標明 (1) 製造日期 (2) 成份百分比 (3) 保存期限 (4) 營養指標。

576.(3) 不適合微波米食包裝之材料為 (1) 紙容器 (2) PP系 (3) 鋁箔容器(4) 玻璃容器。

577.(1) 文字印刷最好不要在米食包裝材料之 (1) 最內層 (2) 最外層 (3) 中間層 (4) 無所謂。

578.(3) 已超過保存期限的米食製品，應如何處理 (1) 重新包裝 (2) 更改保存期限 (3) 回收丟棄 (4) 不理會繼續販賣。

579.(4) 真空透明包裝的米食製品無法防止 (1) 微生物繁殖 (2) 污染 (3) 氧化 (4) 變色。

580.(2) 米花糖應 (1) 趁熱包裝 (2) 冷卻後包裝 (3) 不需包裝 (4) 冷凍後包裝。

581.(1) 微波加熱之碗粿，下列何種容器不適用 (1) 鋁箔盒 (2) 瓷碗 (3) 玻璃碗 (4) 紙杯。

582.(4) 米乳包裝不良時不會影響產品之 (1) 風味 (2) 質地 (3) 色澤 (4) 體積。

583.(1) 油飯販售時用何種包裝材料最佳 (1) 紙盒 (2) 鋁箔盒 (3) 保麗龍 (4) 塑膠袋。

584.(3) 為防止食米變質，可在包裝內充填何種氣體較佳 (1) 空氣 (2) 氧氣 (3) 氮氣 (4) 二氧化碳。

585.(3) 用官能判定米漿的粗細，一般係用 (1) 舌頭嚐 (2) 鼻子聞 (3) 手指搓 (4) 眼睛看。

586.(3) 決定米乳品質最不相關的是 (1) 風味 (2) 口感 (3) 容器 (4) 外觀。

587.(3) 下列何者屬於米食產品內部品質特性 (1) 體積 (2) 裝飾 (3) 質地 (4) 外觀。

588.(4) 年糕製作時，加熱溫度與時間會影響 (1) 外表品質 (2) 內部品質 (3) 體積 (4) 均會影響。

589.(1) 米食製品品質的評定是以下列何者最為實用 (1) 官能品評 (2) 顯微鏡觀察 (3) 化學分析 (4) 物性分析。

590.(4) 米食製品品質之評定不必注意 (1) 組織 (2) 外型 (3) 色澤 (4) 溫度。

591.(2) 米食製品冷藏保存溫度範圍應在 (1) 0℃以下 (2) 0～7℃ (3) 15～20℃ (4) 20℃以上。

592.(4) 米食製品以何種方式評定最佳 (1) 廠長本人決定 (2) 老師傅決定 (3) 品管人

員決定 (4) 由多人組成官能品評小組決定。

593.(2) 白米飯變硬是由於 (1) 澱粉糊化 (2) 澱粉老化 (3) 油脂氧化 (4) 蛋白質變化。

594.(4) 米粉絲之品質要好，其所使用之條件何者較不重要 (1) 米原料 (2) 擠壓技術 (3) 蒸煮方式 (4) 擠出孔大小。

595.(1) 蘿蔔糕之品質決定條件是 (1) 米原料 (2) 添加防腐劑 (3) 添加豬油 (4) 糖量。

596.(3) 有關八寶粥的品質要求，下列項目何者不正確 (1) 不得有焦黑現象 (2) 具黏稠口感 (3) 紅豆、綠豆不應裂開 (4) 具甜味。

597.(4) 有關碗粿的品質要求，下列項目何者不正確 (1) 表面平坦不凹陷 (2) 外表有光澤 (3) 口味純正無異味 (4) 內部質地堅硬。

598.(1) 有關米花糖的品質要求，下列項目何者不正確 (1) 質地堅硬 (2) 膨發均勻 (3) 具膨發米香、無異味 (4) 色澤均勻。

599.(3) 有關蘿蔔糕的品質要求，下列項目何者不正確 (1) 表面平坦不凹陷 (2) 外表有光澤 (3) 內部質地孔隙多 (4) 口味純正無異味。

600.(2) 有關米粉絲的品質要求，下列項目何者不正確 (1) 表面光滑均勻 (2) 外表上可看出很多氣泡 (3) 水煮時溶出物少 (4) 水煮後彈性佳。

601.(3) 米苔目之品質評定，下列何者較不需考慮 (1) 色澤 (2) 質地 (3) 長短 (4) 口感。

602.(3) 碗粿之品質評定，下列何者較不需考慮 (1) 色澤 (2) 質地 (3) 體積大小 (4) 口感。

603.(4) 鹼粽中不可添加 (1) 鹼粉 (2) 磷酸鹽 (3) 食鹽 (4) 硼砂。

604.(2) 鹼粽呈黃色是因為 (1) 梅納反應 (2) 加鹼粉 (3) 加黃色色素 (4) 糙米顏色。

605.(2) 下列何種米食製品於食用時適合油煎 (1) 碗粿 (2) 蘿蔔糕 (3) 麻糬 (4) 鳳片糕。

606.(1) 有關鳳片糕的品質要求，下列項目何者不正確 (1) 具砂粒口感 (2) 色澤均勻 (3) 軟硬適中 (4) 具清淡香味。

607.(1) 有關糕仔崙的品質要求，下列項目何者不正確 (1) 質地堅硬 (2) 色澤均勻 (3) 外形平坦不滴水 (4) 口味純正。

608.(4) 米乳製作時加入炒香的花生，不能增加 (1) 色澤 (2) 口味 (3) 香味 (4) 防腐效果。

609.(2) 米粉絲的品質要求，下列何者較不重要 (1) 良好的口感 (2) 粗細一致 (3) 黏牙 (4) 不易斷裂。

610.(2) 芋頭糕的品質要求，下列何者較不正確 (1) 色澤均勻 (2) 表面龜裂 (3) 內部組織細密 (4) 口感及風味佳。

611.(2) 雪片糕的品質要求，下列何者較不正確 (1) 成形性佳 (2) 質地堅硬 (3) 色澤均勻 (4) 口感及風味佳。

612.(3) 蘿蔔糕的內部品質，下列以何者較佳 (1) 軟 (2) 硬 (3) 軟硬適中而具彈性 (4) 黏。

613.(3) 油飯的品質要求，下列何者較不正確 (1) 飯粒完整 (2) 配料分布均勻 (3) 黏

性愈強愈佳 (4) 外觀色澤光亮。

614.(1) 將台式肉粽剝開時，如有黏液發生，表示 (1) 已變質 (2) 配料使用不當 (3) 蒸煮太久 (4) 純屬自然現象。

615.(2) 鳳片糕的品質要求，下列何者較不正確 (1) 成形性佳 (2) 質地堅硬 (3) 軟硬適中 (4) 風味溫和。

616.(4) 紅龜粿的品質要求，下列何者較不正確 (1) 大小均一 (2) 爽口不黏牙 (3) 色澤均勻 (4) 餡可外露。

617.(3) 有關筒仔米糕的品質要求，下列項目何者較正確 (1) 質地堅硬 (2) 有焦味 (3) 米粒熟透 (4) 表面凹陷。

618.(4) 有關碗粿的品質要求，下列項目何者較正確 (1) 表面凹陷 (2) 內部質地堅硬 (3) 內部質地孔隙多 (4) 內部質地軟硬適中。

619.(1) 有關紅龜粿的品質要求，下列項目何者較正確 (1) 大小均一 (2) 顏色愈紅愈好 (3) 餡要外露 (4) 黏牙的口感。

620.(1) 有關糕仔崙和鳳片糕的內部品質要求，下列項目何者較正確 (1) 質地都要軟 (2) 質地都要硬 (3) 糕仔崙要軟，鳳片糕要堅硬 (4) 糕仔崙要堅硬，鳳片糕要軟。

621.(1) 寧波年糕正常的色澤是 (1) 白色 (2) 灰白 (3) 淡黃 (4) 灰色。

622.(3) 用全米(100%)製作的米粉絲，其色澤 (1) 較白 (2) 較褐 (3) 灰黃 (4) 較紅。

623.(2) 有關糯米腸的品質要求，下列何者不正確 (1) 原料均勻分佈 (2) 米粒呈均勻的碎米狀態 (3) 具有蒸煮米香、無異味 (4) 粗細均一。

624.(2) 炒飯的品質最不重要的是 (1) 米飯的品質 (2) 配料的多寡 (3) 調味的技術 (4) 火力大小。

625.(3) 湯圓應具之品質下列何者為非 (1)大小均一 (2) 具柔韌感 (3) 具硬實感 (4) 不粘牙。

626.(4) 米食製品之品質不須注意 (1) 熟度均一 (2) 外觀平整 (3) 適當之口感 (4) 室內溫度。

627.(2) 米食製品應具有 (1) 焦糖味 (2) 米香味 (3) 黴味 (4) 水果味。

628.(3) 麻糬應具有下列何種品質 (1) 硬實感 (2) 粘牙感 (3) 軟而有彈性 (4) 潮濕感。

629.(2) 下列何種米食製品食用時適合油炸或油煎之特性 (1) 豬油糕 (2) 蘿蔔糕(3) 雪片糕 (4) 鳳片糕。

630.(4) 粿粽蒸好後爆裂之原因與下列何者較無關 (1) 蒸的火太大 (2) 蒸過度 (3) 糯米量太多 (4) 粽繩。

631.(4) 何者不會影響鳳片糕之品質 (1) 糖漿 (2) 糕粉品質 (3) 製作技術 (4) 蒸籠。

632.(4) 何者不會影響糕仔崙之品質 (1) 發酵糖 (2) 糕粉品質 (3) 製作技術 (4) 加水量。

633.(4) 九層粿切片後有分離現象與何者無關 (1) 火力不均勻 (2) 米漿濃度不一 (3) 蒸太久 (4) 容器種類。

634.(3) 糕粉的貯存環境宜(1)溫度高於20℃(2)陰暗潮濕(3)乾燥陰冷(4)無所謂。

635.(1) 爆米花貯存時，其本身水份條件在(1) 10%(2) 20%(3) 30%(4) 40%。

636.(1) 米原料貯存期最長的貯存形態是(1)稻穀(2)糙米(3)白米(4)米穀粉。

637.(4) 米食製品副原料中那一類的衛生安全須特別留意(1)香辛料(2)蜜餞(3)乾果(4)生鮮魚貝類。

638.(2) 米食製品貯存不當時，下列何種敘述較不正確(1)會有微生物生長(2)品質不變(3)販賣期限減短(4)可能有不良的氣味。

639.(3) 米食製品變硬老化，以何種貯存狀態下最快發生(1)冷凍(2)常溫(3)冷藏(4)高溫。

640.(4) 何種米原料製作之產品較易變硬老化(1)長糯米(2)圓糯米(3)蓬來米(4)在來米。

641.(4) 何種貯存溫度最易使碗粿變壞(1)－20℃(2) 0℃(3) 10℃(4) 25℃。

642.(3) 蘿蔔糕若要延長貯存期限，宜用下列何種方式(1)添加防腐劑(2)真空包裝(3)冷藏(4)使用過氧化氫。

643.(3) 米食製品冷凍的溫度通常是指在多少度以下(1) 4℃(2) 0℃(3)－18℃(4)－70℃。

644.(3) 油炸的米食製品，其貯存條件應選擇(1)高溫、陽光直射(2)高溫潮濕(3)陰冷、乾燥(4)高溫、乾燥。

645.(4) 不影響米食製品貯存期限的因素為(1)溫度(2)濕度(3)光線(4)包裝大小。

646.(2) 最易使米食製品變硬老化之溫度為(1)－10℃(2) 4℃(3) 18℃(4)室溫。

647.(4) 為了延長米食製品貯存期限，下列對策何者無效(1)選擇米的品種(2)添加合法防腐劑(3)注重包裝材質(4)改變包裝大小。

648.(1) 米花糖在貯存期間最容易發生品質劣化的項目是(1)油脂氧化(2)色澤變化(3)重量減輕(4)微生物毒素。

649.(2) 為了延長米食製品貯存期限，有關包裝材料之選擇原則，下列敘述何者較不正確(1)視產品種類而異(2)愈便宜愈好(3)視貯存時間長短而定(4)安全、衛生性。

650.(2) 米食製品以真空包裝貯存時，應注意下列何種微生物之繁殖(1)黴菌(2)肉毒桿菌(3)酵母菌(4)大腸桿菌。

651.(1) 18℃之便當販售時間約(1) 1天(2) 1星期(3) 1個月(4)半年。

652.(3) 下列何種米食製品不會再有老化現象之產生(1)蘿蔔糕(2)芋頭糕(3)爆米花(4)碗粿。

653.(4) 欲延長米食製品在室溫之貯存時間可(1)添加防腐劑(2)添加乳化劑(3)添加色素(4)殺菌處理。

654.(4) 未經包裝之米食製品在何種場所最易受污染 (1) 工廠內 (2) 超級市場 (3) 傳統菜市場 (4) 家庭中。

655.(3) 紅龜粿為了延緩硬化可在表面 (1) 沾糕仔粉 (2) 刷紅色素 (3) 刷油 (4) 刷糖漿。

656.(4) 麻糬為了延長貯存期限可在漿糰內加 (1) 糕仔粉 (2) 太白粉 (3) 麵粉 (4) 油脂。

657.(1) 何種原料米製作之產品比較不易老化 (1) 圓糯米 (2) 長糯米 (3) 在來米 (4) 蓬來米。

658.(4) 何種米食製品在室溫下可貯存較久 (1) 八寶飯 (2) 蘿蔔糕 (3) 紅龜粿 (4) 雪片糕。

659.(1) 影響米食製品貯存期限的因素很多，最重要的應為 (1) 衛生條件 (2) 包裝材料 (3) 貯存條件 (4) 添加物。

660.(4) 米食製品貯存的溫度以下列何者為佳 (1) 冷凍 (2) 冷藏 (3) 常溫 (4) 視產品而定。

661.(4) 年糕的品質變劣，難以下列何者來判定 (1) 變味 (2) 發霉 (3) 硬化 (4) 產品溫度。

662.(2) 米食蒸熟尚未冷卻即用塑膠袋包裝 (1) 可延長貯存期限 (2) 因產生冷凝水而容易變壞 (3) 可保持風味 (4) 可保存營養。

663.(4) 一般太白粉貯存於 (1) －4℃ (2) 4℃ (3) 20℃ (4) 室溫乾燥處。

664.(1) 室溫貯存時，米粉絲水分要在多少%以下 (1) 14% (2) 20% (3) 25% (4) 30%。

665.(4) 米食製品的貯存條件以何者為宜 (1) 高溫 (2) 低溫 (3) 室溫 (4) 視產品種類而異。

666.(4) 米食製品貯存得當時，下列何種敘述不正確 (1) 不會有不良風味 (2) 販賣期間可以延長 (3) 不會有病原菌生長 (4) 貯存愈久品質愈佳。

667.(2) 紅龜粿在貯存期間不易硬化的主要原因是含有多量 (1) 直鏈澱粉 (2) 支鏈澱粉 (3) 蛋白質 (4) 油脂。

668.(3) 下列那一項與米食製品貯存期間的品質變化較無關係 (1) 光線 (2) 酸度 (3) 脆度 (4) 水分。

669.(4) 欲延長米食製品之貯存期限何者是錯的 (1) 冷藏 (2) 降低水份 (3) 適當包裝 (4) 使用防腐劑。

670.(1) 何種原料米製作之米食製品比較不容易老化 (1) 圓糯米 (2) 長糯米 (3) 在來米 (4) 蓬來米。

671.(2) 下列何種米食製品於室溫下貯存的期限最短 (1) 鳳片糕(2) 蘿蔔糕 (3) 年糕 (4) 雪片糕。

672.(3) 下列何種米食製品貯存時較易氧化變質 (1) 湯圓 (2) 蘿蔔糕 (3) 米花糖 (4) 肉粽。

食品類共同科目技能檢定丙級學科試題

一、是非題

001.(×) 穀類的主要成分為蛋白質，在食品中可作為能源。

解析：穀類之中其主要成份為澱粉，是以單醣為組成之分子，而糖類1公克可以產生4大卡的熱量，可做為人體內營養及熱量之來源。

002.(×) 食品中之PH值愈高，酸性愈強。

解析：食品中的PH值（酸鹼平衡值），愈高則表示是偏鹼性愈強，而PH愈低則表示偏酸性愈強。

003.(×) 蔬菜屬於酸性食品，肉類屬於鹼性食品。

解析：蔬菜因含有鈣、磷、鈉、鉀、鎂、鐵等豐富的礦物質，所以是屬於鹼性的食品，且又含有豐富的膳食纖維，所以其營養價值不高。

004.(×) 如果糖水中之糖度低，而以舌試嚐卻很甜時，表示其中必摻有人工甘味劑。

005.(○) 舊蛋之蛋殼表面具有光澤，鮮蛋蛋殼表面粗糙，表面若有似油浸出者大體為腐敗蛋。

006.(○) 花生油及豬油都是屬於動物性油脂。

解析：花生油是由花生仁中所萃取出來的，因此是為植物性油脂，而豬油則是由豬脂肪中所提煉精製而成的，所以是屬於動物性油脂。

007.(○) 溫度會影響食品貯藏時間的長短，溫度愈高則貯藏時間愈短。

008.(○) 純天然釀造醬油係利用微生物發酵之原理所釀造而成。

009.(○) 食品原料大多屬易腐性，若無適當的處理，很容易腐敗。

010.(○) 蔬菜、水果的綠色是由葉綠素而來。

011.(○) 乾燥操作能夠除去食品中的水份，使重量減輕。

012.(×) 食品燻製是利用燻煙中所含的防腐性成份，在將食品乾燥之同時附著於食品表面，具有乾燥和增加風味之效果。

013.(×) 食用紅色七號及胡蘿蔔素都是天然色素。

解析：紅色七號是屬於法定的食用人工色素，而胡蘿蔔素大都是由天然的植物，如：胡蘿蔔、柑橘類之中所提煉出萃取而成的。

014.(○) 生鮮肉品在0～10℃的冷藏溫度範圍下，能夠保存一個月而不變質。

解析：生鮮的肉品若貯存在0～10℃的冷藏溫度範圍下，大約只能保存3～5天，若欲保存1個月而不會變質，至少要在－18℃的冷凍溫度環境之下才可以長期保存。

015.(○) 食品原料應貯放於乾淨、清潔、不潮濕、溫度低且陽光照射不到之處。

016.(○) 加入乳化劑使油水互溶的作用，稱為乳化作用。

017.(×) 一公斤的麵粉比兩磅的牛肉輕。

解析：1公斤大約等於2.2磅，在相同比重的條件下，1公斤的麵粉是要比2.2磅的牛肉來得重，而不

是輕。

018.(×) 急速冷凍對食品品質的破壞較慢速冷凍為大。

解析：急速冷凍導致食物中的水份所形成冰晶的速度較快，所以其顆粒小，而慢速冷凍所產生的冰晶顆粒過大，會破壞食品的品質。

019.(○) 澱粉是由葡萄糖分子所構成。

020.(○) 食品添加物屬於食品加工中所用的副原料。

021.(×) 穀物食品只含有澱粉成份，其他成份如蛋白質等很少無需重視。

解析：穀物食品當中除了有澱粉外，還有其他成份，如：蛋白質、礦物質、維生素等都必須重視，以維持飲食上的均衡。

022.(×) 動物性油脂在冰箱中貯存仍是液狀。

解析：動物性油脂因所含的脂肪酸飽和程度較高，所以在常溫下呈現固態狀，而植物性油脂因含有多元不飽和脂肪酸，是為液體狀。

023.(○) 麵粉主要是由小麥的胚乳部分磨製而成。

024.(○) 酵母是麵包的膨大來源。

025.(○) 油炸時應選用發煙點高的油脂。

026.(○) 食品不再經加熱處理即可食用者，應嚴格防範微生物再污染。

027.(○) 純度相同時，果糖的甜度較蔗糖、葡萄糖高。

028.(×) 良好的蛋放於6％的食鹽水中會上浮。

解析：良好的蛋若放於6%的食鹽水中會產生下沈的現象，因新鮮蛋的比重約1.08～1.09，而6%的食鹽水之比重約為1.027，所以新鮮蛋的比重＞食鹽水的比重。

029.(○) 蔗糖係由一分子葡萄糖和一分子果糖組成。

030.(○) 低溫是保存食品常用的方法之一，生鮮豬肉與雞肉也常用低溫保存。

031.(×) 真空包裝的肉品與生鮮肉品放在室溫的環境下是最安全的。

解析：真空包裝的肉品因內部呈現真空無氧之狀態，所以可以放在室溫之下，而若將生鮮肉品放在室溫下，則容易引起細菌的滋生而產生腐敗之現象，因此一定要貯放在冰箱內以冷藏或冷凍的方式保存。

032.(×) 冷藏肉或冷凍肉的製造過程中，豬（雞）屠宰後有無迅速降溫並不重要，但冷藏肉一定要保持在7℃以下，凍結點以上；冷凍肉要保持在－18℃以下。

解析：豬（雞）在屠宰後一定要迅速降溫，因屠體在停止生命時，會使蛋白質分解酵素開始產生分解作用，會因細菌的寄生生長而產生腐敗現象，此時若給予迅速降溫，可抑制酵素活動的進行，並延長保存時間。

033.(×) 市售需冷藏販售之鮮乳係無菌，故可以不用冷藏也可以保存，冷藏之目的係使鮮乳更可口、美味。

解析：市面上所販售的鮮乳是經低溫殺菌處理過後，破壞對人體有害之細菌，但仍然含有生菌，所以必須要貯存在0～7℃的冷藏溫度環境，才能抑制細菌的生長繁殖，不是為了增加其風味。

034.(○) 攝取大量蔬果易有飽足感且熱量低，不會增肥還可以減低癌症的發生。

035.(○) 清洗蔬菜最好的方法是以大量的水沖洗，用鹽水浸泡對於清除農藥殘留並無助益。

036.(○) 綠色蔬菜以小蘇打溶液處理後色澤會更鮮綠。

037.(○) 鋁箔容器不得放入微波爐中加熱。

038.(×) 蘿蔔糕是用糯米製造的米食產品。

解析：蘿蔔糕是以在來米米粉為原料加入炒餡料、調味料混合，再經過部分的糊化後而製成的，是屬於米漿型之米食製品。

039.(○) 牛奶含有多種營養素，增添在產品內可增加營養素的含量。

040.(×) 肉類含有豐富的維生素C。

解析：肉類中含有豐富的蛋白質、礦物質及脂肪，而水果中則含有豐富的維生素與纖維質等成份。

041.(○) 肉類中所含的蛋白質量較麵粉、米為多。

042.(×) 蛋中所含的蛋白質營養價值很差。

解析：蛋類中含的蛋白質營養價值很高，因蛋白質屬於動物性蛋白質，其必需胺基酸之含量在33%以上，可以維持人體的健康，並能促進生長。

043.(○) 素食者的蛋白質主要來源是豆類。

044.(○) 沙拉油、花生油、棕櫚油都屬於熱量高的植物性油。

045.(○) 米、麵粉皆含有豐富的醣類。

046.(○) 蔬菜、水果含有豐富的纖維質，為我們攝取纖維質的主要來源。

047.(×) 砂糖不含任何營養素。

解析：砂糖是由甘蔗中所提煉出的物質，屬於雙醣類，是由一分子的葡萄糖和一分子的果糖所組成的，本身具有營養成份，並有甜度的風味熱量甜味料。

048.(○) 食物攝取量超過身體的需要量可能會造成肥胖。

049.(○) 飲食生活與身體健康有極密切的關係。

050.(○) 麵粉能提供人體植物性蛋白質。

051.(×) 全麥麵粉的纖維素含量與一般麵粉相同。

解析：全麥的麵粉中因添加了小麥、麩皮等纖維成份之物質，所以纖維素比一般麵粉高。

052.(×) 同重量的蛋白質比同重量的醣類熱量高。

解析：蛋白質1公克可以產生4大卡的熱量，而醣類亦同，所以同重量蛋白質與同重量的醣所產生的熱量是相同的。

053.(○) 新陳代謝是以兩種方式同時進行，一種是組成作用，另一種為分解作用。

054.(×) 肉品經絞碎、添加調味料、添加副原料、加水及乳化……等過程製造而得的熱狗，已經沒有營養成份。

解析：內品經過絞碎、添加調味料、副原料、加水及乳化等過程製造出的熱狗，雖然已破壞了部分的營養素，但仍具有營養成份。

055.(○) 牛肉中的鐵質含量比豬肉高也比雞肉高。

056.(○) 不管營養過剩或營養不足都是因為某種營養素或熱量之不平衡引起，故平日飲食應以均衡為原則，不可偏食。

057.(×) 同重量的動物性油脂比同重量的植物性油脂熱量高。

解析：油脂1公克可產生9大卡的熱量，所以同重量的動物性油脂其熱量等於同重量的植物性油脂，並非較高。

058.(○) 鈣質是構成骨骼及牙齒的主要成份。

059.(○) 飲食中維生素A攝取不足容易引發夜盲症。

060.(○) 醣類（碳水化合物）可提供人體細胞活動所需能量的來源。

061.(○) EPA為多元不飽和脂肪酸，在魚油中含量豐富。

062.(○) 為提高柔軟包裝材料特性，常將2種以上不同材料積層成多層材料使用。

063.(×) 乾燥食品只採用抗氧化包裝即能延長保存期限。

解析：乾燥食品除了採用抗氧化的包裝外，還必須配合貯存環境，如：貯藏時的溫濕度等因素才能夠延長其保存期限。

064.(×) 高水分食品只採用真空包裝即能長期保存。

解析：具有高水分的食品除了採用真空包裝外，還必須注意貯存時外在環境，如：溫度、濕度等因素，才能做長期的保存。

065.(○) 食品包裝設計時必須先了解食品的特性及預定流通時間。

066.(×) 食品包裝僅能提高商品價值。

解析：食品包裝不但能提高商品價值，還能保護食品本身之外觀，避免內部遭受到破壞及污染等。

067.(○) 密封包裝的食品容器上必須標示有效日期。

068.(×) 罐頭食品能保持密封狀態，僅靠鐵皮之捲封情況來決定。

解析：罐頭食品能保持密封之狀態，除了靠鐵皮之捲封情況，還必須利用真空封罐及高溫殺菌等處理才能保持密封。

069.(×) 所有食品都能使用塗漆罐包裝來維持品質。

解析：並非所有的食品都能使用塗漆罐來包裝，有些具有高酸性的食品，像果汁則要使用鋁罐包裝，以防止因食品本身的酸性浸蝕罐內壁而造成落漆生鏽而影響品質。

070.(×) 食品包裝上得標示醫療效果。

解析：依食品衛生法規中的規定，食品包裝上一律不得標示其醫用療效，但如有向中央主管衛生機關申請且核准通過，則可以標示其保健功效。

071.(○) 食品罐頭用金屬容器之內部塗漆，必須符合食品、器具、容器、包裝之衛生標準。

072.(○) 食品包裝目的是為提高產品的保存性、附加價值及方便性。

073.(×) 烘焙產品為了避免長黴菌宜出爐後趁熱包裝。

解析：烘焙產品剛出爐時，由於熱氣還不斷的蒸散，不可以在此時立即包裝，否則水氣會囤積在包裝袋內部使產品受潮而發黴。

074.(×) 食品包裝的材質主要在堅固耐用其他則無需考慮。

解析：食品包裝的材質必須要視其所包裝食品之種類而有所不同，必須選擇適合的包裝材料，方能保存長久，並非只注重堅固耐用。

075.(×) 有完整包裝的食品就可以永久保存。

解析：有完整包裝的食品也無法永久的保存，要視食品的種類與其殺菌的條件而定，所有食品皆不可永久保存，都有一定的保存期限。

076.(○) 冷凍食品不得使用金屬材料釘封或橡皮圈等物來固定包裝封口。

077.(○) 罐頭食品之真空度是用來表示罐頭上部空隙空氣之多寡。

078.(○) 包裝可防止食品遭受污染，因此包裝材料本身要清潔衛生且無毒性。

079.(○) 肉品包裝的功能很多，可吸引消費者購買、可減緩肉品的變劣及防止肉品失重。

080.(○) 為了食品的安全，食品應有基本的包裝，以避免污染。但是過度的包裝已造成環境的污染，故食品之包裝除了應注意衛生安全外，也應考慮是否會過度之包裝，而造成環境的負擔。

081.(○) 經預冷之食品包裝時，不僅要控制包裝室之溫度，同時要管制包裝室之相對濕度。

082.(×) 脫氧劑可以防止食品長霉，因此高水活性之食品使用脫氧劑就可保存在常溫下不會壞。

解析：脫氧劑雖然可以防止食品長霉，但高水活性的食品因其水份含量較高，即使使用脫氧劑也無法保證在常溫下不會腐壞，最好能放入冰箱中冷藏保存較安全。

083.(×) 我國食品衛生管理法規定，所有食品之包裝都要標示營養成份及含量。

解析：依照我國食品衛生法規中的規定，並非所有的食品之包裝都要標示營養成份及含量，只有添加營養成份的食品或是機能性食品與健康食品才有要求之外，其他一般食品的包裝沒有硬性規定。

084.(○) 使用收縮包裝材料，在包裝設計前應先了解縱向與橫向之收縮比例。

085.(○) 使用脫氧劑之前應先了解包裝袋之空氣容量及食品之水份含量。

086.(○) 最安全的操作方法亦是最有效率的操作方法。

087.(○) 擁擠的工作場所為一種不安全的狀況。

088.(○) 人、物有被捲入裸露之轉動齒輪的危險。

089.(×) 濕手操作電壓110伏特之機械設備沒有電擊的危險。

解析：水是一種優良的導體，若以濕手操作有電壓的機械設備時，容易引起導電而造成電擊之危險。

090.(×) 保險絲被燒斷可用銅線來代替。

解析：保險絲要用熔點較低的鉛絲，當電流負荷過大時所產生的熱會融化而跳電切斷電源，因此可避免引起電線走火發生火災，不可使用銅線，因銅的熔點比鉛高，易因熱而燒斷。

091.(×) 推動手推車時，在沒有人的處所，可以推車快跑。

解析：當用手推動手推車時，不可因四下無人而推車快跑，否則可能因重心不穩而跌倒受傷之外，推車上的物品也會容易掉落而造成物品的損壞。

092.(○) 以人力搬運物料時，物料應儘量靠近身體軸心。

093.(○) 講求工業安全，就是要防止事故。

094.(○) 機械護罩防護原則是防止人體捲入機器裡面。

095.(○) 機械連鎖的防護方法「防護未裝上機器不能開動，防護必須裝上機器始可發動」。

096.(○) 一百毫安培以上的電流流經心室，會導致死亡。

097.(○) 心臟因觸電而停止，應即施行心肺復蘇術急救。

098.(○) 手推車載物件時，注意重心儘量在下部。

099.(○) 高壓氣體鋼瓶應保存在攝氏四十度以下。

100.(×) 在工作中發生之疾病即為職業病。

解說：職業病是指發生在工作場所當中，因長時間而引發的疾病或傷害才能稱之為職業病。

101.(○) 在侷限空間作業之前若無足夠通風易發生缺氧窒息。

102.(○) 熱中暑時體溫上升，應將患者儘快抬到清涼處，以冷水擦拭並迅速送醫。

103.(○) 作業現場平均音壓超過85分貝即屬噪音作業場所，應每六個月測量噪音一次。

104.(×) 在密閉的空間使用瓦斯爐，可能導致人員昏倒是因為二氧化碳中毒。

解析：在密閉的空間使用瓦斯爐而導致人員昏倒，是由於瓦斯燃燒不完全外洩而引起的一氧化碳中毒，並非二氧化碳氣體。

105.(○) 結核病者，不得從事與食品接觸之工作。

106.(○) 各院轄市、縣市衛生主管機關得抽查或檢驗市售食品。

107.(×) 殺蟲劑應放置於廚房內，以便隨時取用。

解析：殺蟲劑內的成份都為含有毒性之加壓氣體等物質，若放在廚房內，除了易因瓦斯在燃燒時產生的高熱使殺蟲劑罐發生氣爆外，其所含有的毒物質也會接觸到污染食品，造成食物中毒之現象。

108.(○) 食品之危險保存溫度為攝氏7～60度。

109.(○) 台灣地區發生的食物中毒案件中以細菌性最多。

110.(×) 硼砂是合法的食品添加物。

解析：硼砂因含有硼酸，雖可增加製品的脆度及彈性，但卻是一種致癌物，政府已經明令公告禁止使用，是不合法的食品添加物。

111.(×) 經過加熱後的食品都是安全的。

解析：經過加熱過的食品不一定都是安全的，有時會因生、熟食共用產生交叉污染而造成食物中毒，有些耐熱性的細菌，如：金黃色葡萄球菌則必須使用120℃以上的高溫才能將其殺滅。

112.(○) 食品用漂白劑是食品添加物。

113.(○) 屠體經衛生檢查不合格者不可做食用或食品加工原料。

114.(○) 食品經衛生主管機關抽驗結果有病原菌者應予沒入銷毀。

115.(×) 砧板與菜刀無論是生鮮食品或是熟食均可共同使用。

解析：廚房內的砧板與菜刀一定要分成兩套來使用，不可混合使用，否則容易造成交叉污染而引起

食物中毒之現象。

116.(○) 冷凍食品一經解凍或溫度一上升，其中的微生物便恢復快速繁殖。

117.(×) 水產品是葡萄球菌的主要來源。

解析：水產食品大都是因腸炎弧菌寄生生長而造成食物中毒，所以一定要加熱將其煮熟。

118.(○) 食用油不宜長時間放置於高溫或日光直射的地方。

119.(×) 有缺口或裂縫之餐具仍可供人使用。

解析：有缺口或裂縫的餐具要丟棄不可以繼續再使用，否則除了造成口部割傷外，還容易因灰塵堆積於縫隙中而不衛生。

120.(×) 食品製造工作人員僅在工作結束後洗手即可，工作前不需要洗手。

解析：從事食品製造的工作人員，無論在工作前或工作後都一定要將手清洗乾淨，以保持食品的衛生與安全。

121.(×) 食品中若有中毒病原菌存在，便可嗅出其異味。

解析：食品中若有病原菌，因菌體很小且無味，只能用顯微才能看得出來，是無法用鼻子嗅出的。

122.(×) 廚房之廚餘桶應使用有蓋者，垃圾容器可使用無蓋者。

解析：廚房內的垃圾桶必須使用有蓋者，否則不僅會招致蚊蠅等昆蟲，還會使丟垃圾時的塵埃四處飛揚，污染食品。

123.(○) 餐飲業之餐具洗滌場所應具三槽式洗滌設備。

124.(×) 麵食製品為了保持潔白的顏色可適量使用漂白劑。

解析：即使麵食製品為了保持其潔白的顏色也不可添加漂白劑，是不符合我國食品衛生法規中之規定，而是要選用合法且經氯氣漂白過的雪白麵粉。

125.(×) 冷凍食品解凍後，未使用完的部分應再放回冷凍庫內重新冷凍保存。

解析：冷凍食品如經過解凍，一定要儘早食用完畢，未使用完的部分不可再放回冷凍庫內重新冷凍保存，必須要存放在冷藏庫中儘速使用。

126.(×) 健康食品可以標示療效。

解析：依照我國食品衛生法規中的健康食品管理法規定，健康食品不得標示醫療效果，但若廠商提出申請且經過中央衛生主管機關核准通過的話，可以在包裝上來標示其保健之功效。

127.(○) 購買不經水洗之洋菇與蘿蔔，可確保不含螢光增白劑。

128.(○) 不經調理始可供食用之一般食品，細菌檢查不得檢出有大腸桿菌。

129.(○) 在食品中有大腸桿菌存在時表示食品可能受到污染。

130.(○) 肉品中大腸桿菌的污染來源，大多來自糞便（腸道內容物）；因此，如廁後工作前應徹底洗淨雙手。

131.(×) 絞肉用的機械設備很複雜，清洗時無需拆卸下來，以免弄丟；只要在使用時將最前段的絞肉丟棄即可。

解析：絞肉用的機械設備雖然很複雜，但清洗時還是要將絞肉部分的零件全部拆解下來清洗乾淨，不要怕弄丟而偷懶。此外，不可在使用時只將前端的絞肉丟棄，因為附著在零件上的絞肉若沒清乾淨，很容易產生腐敗之現象，所以一定要拆下來洗淨。

132.(×) 硼砂自古以來就被使用於鹼粽、油條、油麵、魚丸等食品中是理想之食品添加物。

解析：若將硼砂添加於食品中，雖可使口感富有彈性及咬勁，但因所含的硼酸是一種致癌物，因此政府已公告禁止使用，是不理想且不合法的食品添加物。

133.(○) 飲食為人類每日不可或缺，若不注意甚易因飲食而導致生病中毒，甚至喪生，即所謂病從口入，因此食品業者務必注意衛生，以確保消費者之健康。

134.(○) 細菌性食品中毒可分感染型及毒素型。

135.(○) 食品製造業對於添加物之使用，必須專櫃貯放，專人管理，專冊登錄。

136.(○) 經檢驗不符合衛生標準之食品，應予沒入銷毀。依法得予改製者，應於限期內改製；屆期未遵行者，沒入銷毀之。

137.(○) 從未供於飲食且未經證明為無害人體健康之食品，不得供為人類食用。

138.(×) 冷凍食品之販賣、貯存，其中心溫度應保持在攝氏負十五度以下。

解析：冷凍食品的溫度按照規定，其中心溫度應該在攝氏-18℃以下，才能做長期且有效的貯存。

139.(○) 生食用魚介類食品不得染有病原菌或大腸桿菌，應具原有之良好風味及色澤。不得有腐敗，不良變良、異臭、異味、污染、發霉或含有異物，寄生蟲。

140.(×) 員工幸福與公司的命運無相關。

解析：員公是公司的最大資產，沒有員工的努力公司就會沒有發展，因此員工的福利對於公司而言是很重要的，所以員工的幸福與公司的命運是息息相關的。

141.(○) 公司之經營者與員工之和諧相處，可提高公司營運。

142.(○) 為公司創造利潤是經營者與全體員工之事。

143.(×) 生產部門的工作者，只要具有〝低成本〞的觀念即可。

解析：生產部門的工作人員，不但要有〝低成本〞的觀念，而且還必須要具有〝高效率〞的概念與敬業的工作精神、態度。

144.(○) 工作同仁的熱心、禮貌、人品可提高公司的形象。

145.(○) 整潔為強身之本。

146.(○) 勞工有提供勞動的義務，而雇主有提供報酬的義務。

147.(○) 基於公平、誠信的原則，勞工應以自己最佳的狀況提供勞務給雇主。

148.(○) 雇主有保障員工工作安全的義務。

149.(○) 如員工侵佔公款，則雇主無僱用的義務，並得依情形終止勞動契約。

150.(○) 工作場所中「事事有人管，物物有定位」，可以提高員工的工作效率。

151.(○) 溝通是促進組織成員彼此了解，增進情感的不二法門。

152.(×) 全面品質管制的觀念僅適用於生產管理方面。

解析：全面品質管制（TQC）的觀念不僅是適用於生產管理方面，也適用於全公司各單位之間相互

的管理制度，以期達到品質保證以及顧客滿意為目的。

153.(○) 誠實不僅是崇高的道德修養，更是修己治人的基礎。

154.(○) 實施品質管制可以加強產品在市場上的競爭能力。

二、選擇題

155.(2) 麵包老化變硬的最適溫度是 (1) 25℃ (2) 5℃ (3)-18℃ (4)-30℃。

156.(2) 植物中含蛋白質最豐富的是 (1) 穀類 (2) 豆類 (2) 蔬菜類 (4) 薯類。

157.(3) 牛奶製成奶粉宜採用 (1) 熱風乾燥 (2) 冷凍乾燥 (2) 噴霧乾燥 (4) 滾筒乾燥。

158.(3) 麵筋的主要成分是麵粉中的 (1) 澱粉 (2) 油脂 (2) 蛋白質 (4) 水分。

159.(2) 屬於全發酵茶的是 (1) 綠茶 (2) 紅茶 (3) 包種茶 (4) 烏龍茶。

160.(2) 食鹽的主成分為 (1) 氯化鉀 (2) 氯化鈉 (3) 氯化鈣 (4) 碘酸鹽。

161.(4) 鮑魚菇屬於 (1) 水產食品原料 (2) 香辛料 (3) 嗜好性飲料原料 (4) 植物性食品原料。

162.(3) 利用低溫來貯藏食品的方法是 (1) 濃縮 (2) 乾燥 (3) 冷凍 (4) 混合。

163.(2) 味精顯出的味道是 (1) 酸味 (2) 鮮味 (2) 鹹味 (4) 甜味。

164.(3) 砂糖溶液之黏度隨著濃度之增高而 (1) 降低 (2) 不變 (3) 提高 (4) 不一定。

165.(1) 隨畜體部位之不同，所得畜肉之軟硬程度亦各異，其中最軟的部份為 (1) 小里肌 (2) 腹脇肉 (3) 後腿肉 (4) 前腿肉。

166.(2) 食用大豆油應為 (1) 黃褐色透明狀 (2) 無色或金黃色透明狀 (3) 綠色不透明狀 (4) 黃褐色半透明狀。

167.(4) 葵花籽油是取自於向日葵的 (1) 花 (2) 根 (3) 莖 (4) 種子。

168.(2) 豆腐是利用大豆中的 (1) 脂肪 (2) 蛋白質 (3) 醣類 (4) 維生素　凝固而成。

169.(1) 自然乾燥法的優點為 (1) 操作簡單，費用低 (2) 所需時間短 (3) 食品鮮度能保持良好，品質不會劣化 (4) 不會受到天候的影響。

170.(2) 冷凍完成後之食品凍藏時，必須保持食品中心溫度於 (1) －5℃ (2) －18℃ (3) －50℃ (4) －100℃　以下。

171.(1) 食醋、豆腐乳是 (1) 發酵食品 (2) 冷凍食品 (3) 調理食品 (4) 生鮮食品。

172.(3) 食用油脂的貯藏條件應選擇 (1) 高溫、陽光直射 (2) 高溫、潮溼 (3) 陰冷、乾燥 (4) 高溫、乾燥的地方。

173.(4) 食品加工使用最多的溶劑為 (1) 酒精 (2) 沙拉油 (3) 牛油 (4) 水。

174.(3) 蛋白質經鹽酸水解成為 (1) 甘油 (2) 葡萄糖 (3) 胺基酸 (4) 脂肪酸。

175.(4) 砂糖一包，每次用2公斤，可用20天，如果每次改用5公斤，可用 (1) 5天 (2) 6天 (3) 7天 (4) 8天。

176.(2) 速食麵每包材料費10.4元，售價40元，則其材料費用佔售價的 (1) 25% (2)

26% (3) 27% (4) 28%。

177.(1) 雞蛋1公斤40元，則雞蛋10磅的價錢為 (1) 181元 (2) 196元 (3) 203元 (4) 212元。

178.(1) 能將葡萄糖轉變成酒精及二氧化碳的是 (1) 酵母 (2) 細菌 (3) 黴菌 (4) 變形蟲。

179.(2) 麵糰經過醱酵之後，其PH值比未醱酵麵糰 (1) 增加 (2) 降低 (3) 相同 (4) 依醱酵室溫而定。

180.(4) 下列那些甜味劑不屬於天然甜味劑 (1) 蔗糖 (2) 玉米糖漿 (3) 乳糖 (4) 糖精。

181.(3) 新鮮蛋放置一星期之後 (1) 蛋白粘稠度增加 (2) 蛋殼變得粗糙 (3) 蛋黃體積變大 (4) 蛋白PH值降低。

182.(4) 下列何者營養素在加工過程中容易流失 (1) 蛋白質 (2) 醣類 (3) 礦物質 (4) 維生素。

183.(1) 下列何者不是硬式麵包製作的主要材料 (1) 糖 (2) 麵粉 (3) 酵母 (4) 鹽。

184.(2) 那一樣原料不屬於化學膨大劑 (1) 醱粉 (2) 酵母 (3) 小蘇打 (4) 阿摩尼亞。

185.(3) 不良的魚肉煉製品 (1) 色澤正常 (2) 有彈性 (3) 輕按易碎易剝離 (4) 氣味正常。

186.(2) 1卡為1克水升高 (1) 0.5 (2) 1.0 (3) 1.5 (4) 2.0℃。

187.(4) 純水之水活性為 (1) 0.2 (2) 0.5 (3) 0.7 (4) 1.0。

188.(2) 食品添加物中的保色劑；亞硝酸鹽的作用：(1) 與中藥材料行所販售的「亞硝」的作用不同 (2) 可抑制肉毒桿菌產生毒素 (3) 防止肉品氧化及增加甜味 (4) 增加肉品的保水性與重量。

189.(4) 冷凍肉品的定義是：(1) 在冷凍櫃中販售的肉品 (2) 冰冷堅硬的肉塊 (3) 經過一定的屠宰過程及獸醫師檢驗的肉品 (4) 經過一定的降溫過程，特別是「急速凍結」，讓肉品中心溫度在最短的時間內，降至－18℃以下者。

190.(1) 購買香腸應選擇 (1) 具優良肉品標誌之產品 (2) 肉攤加工者 (3) 不加硝之產品 (4) 價格較貴者。

191.(3) 飲食中缺乏維生素C易罹患 (1) 乾眼症 (2) 口角炎 (3) 壞血病 (4) 腳氣病。

192.(4) 軟骨症是飲食中缺乏 (1) 維生素A (2) 維生素B_2 (3) 維生素C (4) 維生素D。

193.(2) 下列何者是屬於水溶性維生素 (1) 維生素A (2) 維生素B_2 (3) 維生素D (4) 維生素E。

194.(1) 我國衛生署規定包裝食品營養標示之基準得以 (1) 每100公克 (2) 每100兩 (3) 每100磅 (4) 每1公斤　為單位來表示。

195.(3) 下列何者不是衛生署規定的營養標示所必須標示的營養素 (1) 蛋白質 (2) 鈉 (3) 膽固醇 (4) 醣類。

196.(2) 微波在食品上是利用於 (1) 離心 (2) 加熱 (3) 過濾 (4) 洗滌。

197.(4) 下列那一種酵素可分解澱粉為 (1) 蛋白酶 (2) 脂肪酶 (3) 風味酶 (4) 澱粉酶。

198.(4) 油脂1克可供給 (1) 4大卡 (2) 5大卡 (3) 7大卡 (4) 9大卡　的熱量。

199.(1) 醣類1克可供給 (1) 4大卡 (2) 5大卡 (3) 7大卡 (4) 9大卡　的熱量。

200.(1) 蛋白質1克可供給 (1) 4大卡 (2) 5大卡 (3) 7大卡 (4) 9大卡　的熱量。

201.(4) 依營養素的分類法，食物可分成 (1) 3大類 (2) 4大類 (3) 5大類 (4) 6大類。

202.(1) 以營養學的觀點，下列那一種食物的蛋白質品質最好 (1) 肉 (2) 麵包 (3) 米飯 (4) 玉蜀黍。

203.(4) 下列那一種食物，蛋白質含量較高 (1) 蔗糖 (2) 白米飯 (3) 麵包 (4) 牛奶。

204.(4) 下列那一種食物，不能做為醣類的來源 (1) 麵粉 (2) 米 (3) 蔗糖 (4) 牛肉。

205.(3) 下列那一種油脂，含不飽和脂肪酸最豐富 (1) 豬油 (2) 牛油 (3) 沙拉油 (4) 椰子油。

206.(1) 下列食品何者含膽固醇量較高 (1) 蛋 (2) 雞肉 (3) 米 (4) 麵粉。

207.(2) 下列油脂何者合飽和脂肪酸較高 (1) 沙拉油 (2) 奶油 (3) 花生油 (4) 麻油。

208.(4) 肉類中不含下列那一種營養素 (1) 蛋白質 (2) 脂質 (3) 維生素B_1 (4) 維生素C。

209.(2) 牛奶中不含下列那一種營養素 (1) 維生素B_2 (2) 維生素C (3) 蛋白質 (4) 脂質。

210.(2) 下列那一種食物含的維生素C最豐富 (1) 草莓 (2) 檸檬 (3) 香蕉 (4) 蘋果。

211.(2) 粗糙的穀類，除可提供醣類，蛋白質外，尚可提供 (1) 維生素A (2) 維生素B群 (3) 維生素C (4) 維生素D。

212.(4) 下列何種油脂之膽固醇含量最高 (1) 黃豆油 (2) 花生油 (3) 棕櫚油 (4) 豬油。

213.(4) 下列幾種麵粉產品何者含有最高之纖維素 (1) 粉心粉 (2) 高筋粉 (3) 低筋粉 (4) 全麥麵粉。

214.(2) 口角炎是飲食中缺乏 (1) 維生素B_1 (2) 維生素B_2 (3) 維生素C (4) 維生素A。

215.(3) 精緻的飲食中主要缺乏 (1) 礦物質 (2) 維生素 (3) 纖維素 (4) 以上皆非。

216.(3) 那一種不屬於營養添加劑的使用範圍 (1) 維生素 (2) 胺基酸 (3) 香料 (4) 無機鹽類。

217.(3) 人體之必需胺基酸有 (1) 6 (2) 7 (3) 8 (4) 9種。

218.(4) 肉酥的製造過程中，如果加入高量的砂糖，會增加成品的：(1) 蛋白質 (2) 脂肪 (3) 水分 (4) 碳水化合物的量。

219.(1) 米、麵粉及玉米內所含之穀類蛋白，缺乏 (1) 離胺酸 (2) 色胺酸 (3) 白胺酸 (4) 酪胺酸。

220.(4) 下列何種包裝不能防止長黴 (1) 真空包裝 (2) 使用脫氧劑 (3) 充氮包裝 (4) 含氧之調氣包裝。

221.(1) 下列何者常作為積層袋之熱封層 (1) 聚乙烯(PE) (2) 鋁箔 (3) 耐龍(Nylon) (4) 聚酯(pet)。

222.(3) 下列氣體中何者最容易溶解在水中 (1) 氧氣 (2) 氮氣 (3) 二氧化碳 (4) 氦氣。

223.(3) 下列何者種添加物在包裝標示上須同時標示品名與其用途名稱 (1) 香料 (2) 乳化劑 (3) 抗氧化劑 (4) 膨脹劑。

224.(3) 下列何種包裝方式可減少生鮮冷藏豬肉之離水 (1) 真空包裝 (2) 充氮氣包裝 (3) 真空收縮包裝 (4) 熱成型充氣包裝。

225.(2) 選擇包裝材料時必須注意材料是否 (1) 美觀 (2) 衛生 (3)價廉 (4)高級。

226.(3) 下列食品包裝容量中，那一種容器不能用來包裝汽水飲料 (1) 玻璃容器 (2) 金屬容器 (3) 紙容器 (4) 塑膠容器。

227.(1) 以容器包裝的食品必須明顯標示 (1) 有效日期 (2) 使用日期 (3) 出廠日期 (4) 販賣日期。

228.(4) 在購買看不見的內容物之包裝食品時，可憑 (1) 打開看內容物 (2) 看使用日期 (3) 看外觀 (4) 看商標 選購。

229.(2) 下列包裝材料中，那一種是塑膠材料 (1) 玻璃紙 (2) 聚乙烯 (3) 鋁箔 (4) 紙板。

230.(4) 烘焙產品經過適當的包裝能達到下列何種效果 (1) 增加貯存時間 (2) 防止風味改變 (3) 防止污染 (4) 以上皆是。

231.(4) 下列有關烘焙產品之包裝敘述何者不正確 (1) 需使用密封包裝 (2) 使用包材不易破裂 (3) 產品放冷後包裝 (4) 隔天銷售產品才需包裝。

232.(4) 食品包裝袋上不須標示 (1) 添加物名稱 (2) 有效日期 (3) 原料名稱 (4) 配方表。

233.(2) 按我國食品衛生管理法規定，下列何者不為強制性標示事項 (1) 品名 (2) 製造方法 (3) 製造廠 (4) 有效日期。

234.(2) 下列那一項包裝材料在預備（成型）使用時，會產生大量的塵埃、屑末…等，對肉品是一污染：(1) 腸衣 (2) 紙箱 (3) 真空包裝袋 (4) 保鮮（縮收）膜。

235.(3) 肉品包裝材料的存放，應注意：(1) 隱密性，尤其是紙箱存放室以方便作業員午休 (2) 最好存放在包裝室內，方便取用 (3) 存放場所要清潔衛生、避免陽光直射及分類存放 (4) 紙箱為外包裝可直接堆放在地上。

236.(1) 以保利龍為材料之餐具，不適合盛裝 (1) 100℃ (2) 80℃ (3) 70℃ (4) 60℃ 以上之食品。

237.(1) 食品包裝材料用聚氯乙烯（PVC）其氯乙烯單體必須在 (1) 1 PPM以下 (2) 100 PPM以下 (3) 1000 PPM以下 (4) 沒有規定。

238.(2) 為防止紅外線（如熔爐）傷害眼睛應配戴下列何種設備？(1) 防塵眼鏡 (2) 遮光眼鏡 (3) 太陽眼鏡 (4) 防護面罩。

239.(3) 為防止被機器夾捲，應注意事項，下列何者除外？(1) 於機器上裝護欄 (2) 長頭髮與衣服應包紮好 (3) 機械運轉中隨意進入轉動齒輪周圍 (4) 啟動機器時應注意附近工作人員。

240.(3) 有關感電之預防何者不正確？(1) 經常檢查線路並更換老舊線路設施 (2) 機器

上裝置漏電斷路器開關 (3) 於潮濕地面工作可穿破舊鞋子 (4) 同一插座不宜同時接用多項電器設備。

241.(3) 有關高架作業墜落的預防下列何者不正確？(1) 平面2公尺高以上即屬高架作業 (2) 高架作業應戴安全帽、安全吊索 (3) 醉酒及睡眠不足仍可上高架工作 (4) 應架設防護欄網。

242.(4) 有關職業災害勞工保護法何者錯誤？(1) 已於91年4月28日開始實施 (2) 未投保勞工也可適用 (3) 提供職傷重殘者生活津貼及看護費補助 (4) 發生職災時轉包工程之雇主仍沒有責任。

243.(1) 塑膠袋包裝食品其袋口的密封可使用 (1) 熱封 (2) 膠水 (3) 訂書針 (4) 膠帶密封袋口。

244.(4) 下列何種汽水包裝容器，由高處落地後比較不易變形、破裂 (1) 玻璃容器 (2) 金屬容器 (3) 紙容器 (4) 塑膠容器。

245.(1) 以事故的原因統計而言，下列敘述何者正確 (1) 不安全的行為佔多數 (2) 不安全的狀況佔多數 (3) 不安全的行為與狀況各佔一半 (4) 天災佔多數。

246.(3) 為安全起見，距地多少範圍內機械的傳動帶及齒輪須加防護 (1) 1公尺 (2) 1.5公尺 (3) 2公尺 (4) 2.5公尺。

247.(1) 電氣火災下列何者不得使用 (1) 泡沫滅火器 (2) 乾粉滅火器 (3) 二氧化碳滅火器 (4) 海龍滅火器。

248.(4) 男性員工搬運物料，超過多少公斤屬於重體力勞動 (1) 25公斤 (2) 30公斤 (3) 35公斤 (4) 40公斤。

249.(1) 有關物料之堆放，下列敘述何者錯誤 (1) 依牆壁或結構支柱堆放 (2) 不影響照明 (3) 不阻礙出入口 (4) 不超過最大安全負荷。

250.(1) 下列何者為直接損失？(1) 醫藥治療費用 (2) 工具及設備的損失 (2) 工作產品停頓的損失 (4) 生產停頓的損失。

251.(4) 下列何者為不安全動作？(1) 內務不整潔 (2) 照明不充分 (3) 通風不良 (4) 搬運方法不妥當。

252.(1) 下列何者為非觸電直接影響因素？(1) 電磁場大小 (2) 電流流通途徑 (2) 電流大小 (4) 電流流經的時間。

253.(3) 機器皮帶運轉的動作為 (1) 轉動 (2) 往復運動 (3) 直線運動 (4) 切割動作。

254.(4) 研磨機換置新磨輪時，除檢查有無裂痕外，應試轉多久 (1) 半分鐘 (2) 一分鐘 (3) 兩分鐘 (4) 三分鐘以上。

255.(4) 依人體工學原理，超過多重儘量避免以人工搬運 (1) 30公斤(2) 35公斤 (3) 40公斤 (4) 45公斤　以上。

256.(4) 天花板與堆積物間，至少要保持多遠？(1) 30公分 (2) 40公分 (3) 50公分

(4) 60公分　以上。

257.(4) 食品做醫療效能之標示，宣傳或廣告者，處罰鍰 (1) 三萬元以上十五萬元以下 (2) 四萬元以上二十萬元以下 (3) 六萬元以上三十萬元以下 (4) 二十萬元以上一百萬元以下。

258.(1) 未經核准擅自製造或輸入健康食品者，可處有期徒刑 (1) 三年以下 (2)二年以下 (3) 一年以下 (4) 六個月以下。

259.(3) 薑粉、胡椒粉、大蒜粉和味精（L－麩酸鈉）均係廚房常用之調味性產品，何者列屬食品添加物管理？ (1) 大蒜粉 (2) 胡椒粉 (3) 味精 (4) 薑粉。

260.(4) 預防食品中毒下列何者有誤？(1)清潔(2)迅速(3)加熱或冷藏(4)室溫存放。

261.(3) 下列何種違法行為應處刑罰？ (1) 食品含有毒成分 (2) 標示、廣告違規 (3) 違規而致危害人體健康 (4)不願提供違規物品之來源。

262.(2) 食品衛生管理法所定之罰鍰最高可處 (1) 十五萬元 (2) 二十萬元 (3)九十萬元 (4) 一百萬元。

263.(2) 製造販賣之食品含有害人體健康之物質，且致危害人體健康者，最高可處 (1) 4年 (2) 3年 (3) 2年 (4) 1年　有期徒刑。

264.(3) 腸炎弧菌是來自 (1) 土壤 (2) 空氣 (3) 海鮮類 (4) 肉類。

265.(2) 我國食品衛生管理法對食品添加物之品目，係採 (1) 自由使用 (2) 行政院衛生署指定 (3) 比照日本的規定 (4) 比照美國之規定。

266.(4) 預防葡萄球菌的污染應注意(1)餐具(2)用水(3)砧板(4)手指之傷口、膿瘡。

267.(4) 製造、加工、調配食品之場所 (1) 可養牲畜 (2) 可居住 (3) 可養牲畜亦可居住 (4) 不可養牲畜亦不可居住。

268.(3) 下列何者非食品添加物 (1) 抗氧化劑 (2) 漂白劑 (3) 烤酥油 (4) 甘油。

269.(4) 食品用具之煮沸殺菌法係以 (1) 90℃加熱半分鐘 (2) 90℃加熱1分鐘 (3) 100℃加熱半分鐘 (4) 100℃加熱1分鐘。.

270.(1) 下列那一種食品最容易感染黃麴毒素(1)穀類(2)肉類(3)魚貝類(4)乳品類。

271.(3) 食品容器及器具應以(1)洗衣粉(2)清潔劑(3)食品用洗潔劑(4)強酸　洗滌。

272.(1) 使用食品添加物應優先考慮 (1) 安全性 (2) 有用性 (3) 經濟性 (4) 方便性。

273.(4) 下列何者與食品中的微生物增殖沒有太多關係 (1) 溫度 (2) 溼度 (3) 酸度 (4) 脆度。

274.(4) 下列何者被認為是對人體絕對有害的金屬 (1) 鈉 (2) 鉀 (3) 鐵 (4) 鎘。

275.(4) 下列何者非屬經口傳染病 (1) 霍亂 (2) 傷寒 (3) 痢疾 (4) 日本腦炎。

276.(1) 屠宰衛生檢查之目的是 (1) 防止人畜共通傳染病 (2) 保持肉品之新鮮 (3) 維護家畜之安全 (4) 判定肉品之優劣。

277.(3) 麵包貯存一段時間後若有粘物產生是由於 (1) 酵母作用 (2) 黴菌作用 (3) 細

菌作用 (4) 自然現象。

278.(3) 使用地下水源者，其水源應與化糞池，廢棄物堆積場所等污染源至少保持幾公尺之距離？(1) 5公尺 (2) 10公尺 (3) 15公尺 (4) 20公尺。

279.(2) 果凍、慕斯等西點應貯存在 (1) 0℃ (2) 7℃ (3) 10℃ (4) 20℃ 以下，凍結點以上。

280.(1) 何種屬於食品用防腐劑 (1) 丙酸鈉 (2) 吊白塊 (3) 福馬林 (4) 硼砂。

281.(4) 食用紅色素 (1) 三號 (2) 四號 (3) 五號 (4) 六號為允許可使用之人工色素。

282.(1) 食品加工廠最普遍使用之消毒劑是 (1) 氯 (2) 碘 (3) 溴 (4) 四基銨。

283.(3) 食品加工設備較安全之金屬材質為 (1) 生鐵 (2) 鋁 (3) 不鏽鋼 (4) 銅。

284.(4) 肉品被細菌污染的因素很多，請選出其污染源：(1) 清潔的空氣 (2) 乾淨且經消毒的水 (3) 有清潔衛生觀念且高度配合的作業人員 (4) 掉落地面的肉品，直接撿起來即放回生產線上。

285.(1) 低溫可 (1) 抑制微生物的生長 (2) 降低肉製品的脂肪 (3) 增加肉品的重量 (4) 增加肌肉中酵素的活力。

286.(3) 硼砂進入人體後轉變為硼酸，在體內 (1) 隨尿排出 (2) 沒影響 (3) 積存於體內造成傷害 (4) 隨汗排出。

287.(3) 食品若保溫貯存販賣（但罐頭食品除外）溫度應保持有 (1) 37℃ (2) 45℃ (3) 60℃ (4) 50℃以上.

288.(1) 油脂製品中添加抗氧化劑可 (1) 防止產生過氧化物 (2) 調味 (3) 永久保存 (4) 提高油之揮發溫度。

289.(3) 工業級之化學物質 (1) 如為食品添加物准用品目，則可添加於食品中 (2) 視其安全性判定可否添加於食品 (3) 不得作為食品添加物用 (4) 沒有明文規定。

290.(4) 食品工廠之調理工作檯面光度要求依規定為 (1) 50 (2) 100 (3) 150 (4) 200米燭光以上。

291.(4) 下列何者不屬於公害的範圍？(1) 噪音 (2) 惡臭 (3) 毒物 (4) 酗酒。

292.(3) 團隊精神又稱為 (1) 品質 (2) 道德 (3) 士氣 (4) 態度。

293.(2) 受雇者在職務上研究或開發的營業秘密歸何人所有？(1) 受雇者 (2) 雇用者 (3) 政府 (4) 全體國民。

294.(1) 採用民主化的管理方式，企業應建立何種溝通的管道？(1) 雙向溝通 (2) 單向溝通 (2) 通信溝通 (4) 對外溝通。

295.(4) 機器設備定期檢查與保養，屬於下列何種觀念的發揮？(1) 工廠整潔 (2) 團隊精神 (2) 以廠最家 (4) 工作安全。

296.(4) 增加營業額及提升業績是 (1) 推銷員 (2) 企業負責人 (3) 廠長 (4) 大家共同責任。

297.（4） 中小企業最好之廣告媒體是（1）報紙、雜誌（2）廣播（3）電視（4）自己之員工。

298.（1） 下列何者不屬好之工作態度（1）不理不睬（2）微笑（3）謙虛（4）勤快。

299.（4） 雇主得不經預告而終止契約的情況是：（1）生產線減縮（2）遷廠（3）無正當理由連續曠工二日（4）無正當理由繼續曠工三日以上。

製作說明及解答

中式米食加工報告表製作說明及解答

※備註：本表之內所有的填空處皆必須要填寫文字或實際數字，切勿空白，當抽測到考題時，要將所攜入的參考配方表中將原料及其百分比，先抄寫入表格之內完成計算後並填上數字，待完成製品當要繳交時之前再填寫製作說明，在此預祝每位讀者都能一次且順利地過關，謝謝各位對於本書的愛護和支持。！

白米飯製作報告表（095-301A）

應考生姓名：黃皇博　　准考證號碼：0123456789

原料名稱	百分比（%）	重量（公克）	製作說明
蓬萊米 水	100 120	500 600	1.制作流程 將米用水洗淨瀝乾，並加入配方中的水浸泡30分，再倒入瓦斯炊飯鍋內蒸約50分後再略燜一下即可。 2.米與水的重量= 1：1.2 3.悶飯時間 10 分鐘 4.產品重總量 1080 公克 （依實際來秤重量） 5.製成率＝產品總重／原料總重×100% ＝ 1080 ／ 1100 ×100% ＝ 98 %
合計	220	1100	

油飯製作報告表（095-302A）

應考生姓名：______________　准考證號碼：______________

原料名稱	百分比（%）	重量（公克）	製作說明
長糯米	100	600	1.調配料製作方法: 起油鍋爆香蝦米和香菇，再加入已切碎的紅蔥頭、魷魚絲、五花肉絲與調配料拌炒至均勻。
五花肉	9	54	2.油飯製作方法: 糯米洗淨後，浸泡於水中約1小時製於蒸籠內蒸至熟後，再加入所有的調配料拌炒均勻。
香菇	2	12	3.產品重總量 依實際成品來秤重量 公克
蝦米	2	12	5.製成率＝產品總重／原料總重×100%
魷魚	3	18	＝ ______ / ______ ×100%
豬油	10	60	＝ 要以實際所秤重量做計算 %
紅蔥頭	10	60	
水	60	360	
醬油	6	36	
食鹽	2	12	
味精	1	6	
細砂糖	2	12	
合計	207	1242	

筒仔米糕製作報告表（095-303A）

應考生姓名：________________　准考證號碼：________________

原料名稱	百分比（%）	重量（公克）	製作說明
圓糯米	100	420	1. 調配料製作方法：起油鍋先爆香紅蔥頭、蝦米、香菇，再加入攪碎之豬肉、調味料拌炒至均勻。
紅蔥頭	7	29.4	
香菇	5	21	
絞碎豬肉	40	168	2.米飯製作方法：將糯米洗淨泡水浸至1小時後，再移入蒸籠之內蒸炊至熟。
蝦米	2	8.4	
沙拉油	12	50.4	
醬油	6	25.2	3.產品重總量 依實際成品來秤重量 公克
食鹽	2	8.4	
味精	1	4.2	4.製成率＝產品總重／原料總重×100%
香油	1	4.2	＝______／______×100%
胡椒粉	1	4.2	＝ 要以實際所秤重量做計算 %
水	50	210	
合計	227	953.4	

台式肉粽製作報告表（095-305A）

應考生姓名：______________ 准考證號碼：______________

<table>
<tr><th colspan="2">原料名稱</th><th>百分比（%）</th><th>重量（公克）</th><th>製作說明</th></tr>
<tr><td rowspan="11">一、米飯</td><td>長糯米
沙拉油
紅蔥頭
水
醬油
香油
食鹽
味精
胡椒粉
五香粉</td><td>100
10
5
40
4
2
1
2
1
1</td><td>600
60
30
240
24
12
6
12
6
6</td><td rowspan="4">1.原料前處理方法: 將粽葉洗淨後先浸泡於熱水之中，再將豬肉塊、花生粒、蛋、香菇一起加入滷汁的鍋中煮至上色均勻。
2.米飯製作: 糯米洗淨後浸泡1小時後，移入蒸籠內蒸炊至熟後，再加入餡料調味料拌炒至均勻。
3.肉粽製作:
(1) 每個連餡重量約 生糯米＋生餡料總重 公克
(2)蒸煮方法 中大火水煮 。
(3)蒸煮時間約 40 分鐘。
4.產品重總量 依實際成品來秤重量 公克
5.製成率＝產品總重／原料總重×100%
＝ ______ / ______ ×100%
＝ 要以實際所秤重量做計算 %</td></tr>
<tr><td>小　計</td><td>166</td><td>996</td></tr>
<tr><td rowspan="2">二、餡</td><td>滷豬肉塊
滷花生粒
滷蛋
滷香菇</td><td></td><td>10粒份重量
10粒份重量
10粒份重量
10粒份重量</td></tr>
<tr><td>小　計</td><td></td><td>依考場所提供的原料來計算重量</td></tr>
</table>

八寶飯製作報告表（095-306A）

應考生姓名：＿＿＿＿＿＿＿＿ 准考證號碼：＿＿＿＿＿＿＿＿

原料名稱	百分比（％）	重量（公克）	製作說明
圓糯米	100	900	1.圓糯米處理: 米洗淨後泡水浸漬1小時，放在鋪有紗布的蒸籠之內蒸炊至熟後，再趁熱加入糖、油拌至完全均勻。
細砂糖	25	225	
沙拉油	8	72	
金桔餅	5	45	
葡萄乾	5	45	
黑棗	5	45	2.蒸煮火力: 大 火。
鳳梨片	5	45	
甘納豆	5	45	3.蒸煮時間: 20 分。
糖蓮子	5	45	
櫻桃	5	45	4.產品重總量 依實際成品來秤重量 公克
桂圓肉	5	45	5.製成率＝產品總重／原料總重×100% ＝＿＿＿／＿＿＿×100% ＝ 要以實際所秤重量做計算 %
合計	173	1557	

海鮮粥製作報告表（095-303B）

應考生姓名：________________　准考證號碼：________________

原料名稱	百分比（%）	重量（公克）	製作說明
白米飯	100	200	1:粥品制作: 芹菜切末、蛤蜊、生蚵、蝦仁泡鹽水後再略抓洗，花枝斜切菱形片，待完成之後再一起投入已熬煮好的粥底中煮熟。
大骨汁 (大骨:水=1:8)	400	1000	2.製成率＝產品總重／原料總重×100%
蝦仁 (2隻/份)		4隻	＝ ______ / ______ ×100%
花枝 (15g/份)		30g	＝ 要以實際所秤重量做計算 %
蛤蜊 (3粒/份)		6粒	
生蚵 (6隻/份)		12隻	
食鹽	8	16	
味精	5	10	
薑絲	3	6	
米酒	5	10	
芹菜	5	10	
合計		依考場所提供的原料來計算重量	

發粿製作報告表（095-301C）

應考生姓名：________________ 准考證號碼：________________

原料名稱	百分比（%）	重量（公克）	製作說明
在來米粉 低筋麵粉 細砂糖 水 發粉(B.P)	100 40 100 120 6	300 120 300 360 18	1.米漿調製：先加入水將細砂糖完全溶解至無顆粒狀時，接著將在來米粉、低筋麵粉加入糖水之中攪拌混合均勻成為漿糊。 2.蒸煮時間 15 分。 3.蒸煮火力 大 火。 4.產品重總量 依實際成品來秤重量 公克 5.製成率＝產品總重／原料總重×100% ＝____／____×100% ＝ 要以實際所秤重量做計算 %
合計	366	1098	

芋頭糕製作報告表（095-304C）

應考生姓名：＿＿＿＿＿＿＿＿　准考證號碼：＿＿＿＿＿＿＿＿

原料名稱	百分比（％）	重量（公克）	製作說明
在來米粉	100	500	1.原料處理: 芋頭處理方法: 將芋頭的外表搓洗並削去外皮之後，再清洗乾淨，用刨絲器刨成細絲狀。 2.米漿製作 (1)米漿調製方法: 將在來米粉加入配方內的水中拌至完全溶解均勻。 (2)米漿預糊化方法: 將米漿水倒入已炒好的餡料之中加熱攪拌糊化成為濃稠狀。 3.蒸煮條件: 蒸煮時間約 30 分鐘。 4.產品重總量 依實際成品來秤重量 公克 5.製成率＝產品總重／原料總重×100% ＝＿＿／＿＿×100% ＝ 要以實際所秤重量做計算 %
芋頭	75	375	
蝦米	7	35	
細砂糖	8	40	
食鹽	4	20	
味精	2	10	
香油	2	10	
胡椒粉	0.5	2.5	
水	300	1500	
合　　計	498.5	2492.6	

油蔥粿製作報告表（095-305C）

應考生姓名：＿＿＿＿＿＿＿＿　准考證號碼：＿＿＿＿＿＿＿＿

原料名稱	百分比（%）	重量（公克）	製　作　說　明
在來米粉	75	300	1.米漿製作: 將在米粉、蓬來米粉、太白粉和所有的調味料，一起加入配方內的水中攪拌至完全混合均勻。
蓬萊米粉	25	100	2.油蔥粿成型方法: 將米漿水倒入蒸籠內並有產生蒸氣的的蒸盤中並蓋緊蓋子，將表面蒸至已略凝固時，再均勻撒上油蔥酥，反覆上述動作直至6～9層。
太白粉	20	80	3.蒸煮火力 中火 。
水	250	1000	4.製成率＝產品總重／原料總重×100%
味精	3	12	＝＿＿＿／＿＿＿×100%
食鹽	2	8	＝ 要以實際所秤重量做計算 %
油蔥酥	8	32	
合　計	383	1532	

湯圓製作報告表（095-303D）

應考生姓名：＿＿＿＿＿＿＿＿　　准考證號碼：＿＿＿＿＿＿＿＿

原料名稱		百分比（%）	重量（公克）	製作說明
一、皮	圓糯米粉 沙拉油 水	100 6 70	500 30 350	1.漿糰製作：把沙拉油、水加入攪拌缸內的圓糯米粉中攪拌至形成光滑之糰狀後，取總重的10%煮熟成粿粹，再加入原來的漿糰攪拌至均勻。 2.每皮重量 25 公克。 3.每個餡重 10 公克。
	小計	176	880	4.蒸煮時間約 8 分鐘。
二、餡	紅豆餡	100	500	5.產品重總量 依實際成品來秤重量 公克 6.製成率＝產品總重／原料總重×100% ＝＿＿＿／＿＿＿×100% ＝ 要以實際所秤重量做計算 %
合計		276	1380	

米苔目製作報告表（095-304D）

應考生姓名：＿＿＿＿＿＿＿＿　准考證號碼：＿＿＿＿＿＿＿＿

原料名稱	百分比（%）	重量（公克）	製作說明
在來米粉 蕃薯粉 水	100 20 80	800 160 640	1.漿糰製作：先把配方內部份的水煮至沸騰再趁熱沖倒入攪拌缸內的在來米粉、蕃薯粉中之後，並加入冷水攪拌至形成漿糰狀。 2.煮熟時間約 10 分鐘。 3.產品重總量 依實際成品來秤重量 公克 4.製成率＝產品總重／原料總重×100% ＝＿＿＿／＿＿＿×100% ＝ 要以實際所秤重量做計算 %
合計	200	1600	

元宵製作報告表（095-306D）

應考生姓名：________________ 准考證號碼：________________

原料名稱		百分比（%）	重量（公克）	製作說明
一、外皮配方	糯米粉 太白粉	100 10	1000 100	1.每皮重量 20 公克。 2.每個餡重 10 公克。 3.蒸煮時間約 10 分鐘。 4.產品重總量 依實際成品來秤重量 公克 5.製成率＝產品總重／原料總重×100% ＝______／______×100% ＝ 要以實際所秤重量做計算 %
	小　計	110	1100	
二、內餡配方	黑芝麻粉 背脂 糖水 糕仔粉	100 20 30 20	120 24 36 24	
	小　計	170	204	
合　計		280	1304	

麻糬製作報告表（095-307D）

應考生姓名：＿＿＿＿＿＿＿＿ 准考證號碼：＿＿＿＿＿＿＿＿

原料名稱		百分比（%）	重量（公克）	製作說明
一、外皮配方	糯米粉 細砂糖 麥芽糖 水 油	100 30 10 80 8	300 90 30 240 24	1.漿糰製作：先將砂糖溶於水中，再倒入放有糯米粉、麥芽糖漿、油的攪拌缸中，攪拌成漿糰後，放入蒸盤內用中大火蒸炊至熟後，立刻倒入攪拌缸內攪拌至冷卻。
	小計	228	684	2.每皮重量 30 公克。
二、內餡配方	紅豆沙	100	330	3.每個餡重 20 公克。 4.剩餘熟漿糰約 依實際來秤重量 公克 5.產品重總量 依實際來秤重量 公克 6.製成率＝產品總重／原料總重×100% ＝＿＿＿／＿＿＿×100% ＝ 要以實際所秤重量做計算 %
	小計	100	330	
合計		328	1014	

甜年糕製作報告表（095-308D）

應考生姓名：＿＿＿＿＿＿＿＿　　准考證號碼：＿＿＿＿＿＿＿＿

原料名稱	百分比（%）	重量（公克）	製作說明
糯米粉	100	450	1.漿糰製作：先將砂糖溶於水中，再倒入已放有糯米粉、沙拉油的攪拌缸之中，攪拌混合至完全均勻。
細砂糖	90	405	2.蒸煮時間約 50 分鐘。
水	80	360	3.產品重總量 依實際來秤重量 公克
沙拉油	10	50	4.製成率＝產品總重／原料總重×100% ＝＿＿＿／＿＿＿×100% ＝ 要以實際所秤重量做計算 %
合計	280	1260	

粿粽製作報告表（095-309D）

應考生姓名：＿＿＿＿＿＿＿＿　准考證號碼：＿＿＿＿＿＿＿＿

原料名稱		百分比（%）	重量（公克）	製作說明
一、漿糰	糯米粉	100	300	1. 漿糰製作：先將砂糖溶於水中，再倒入已放有糯米粉、麵粉的攪拌缸中，攪拌至成為光滑狀之漿糰。
	麵粉	10	30	2.每皮重：30 公克。
	細砂糖	10	30	每個餡重：15 公克。
	水	70	210	3.蒸熟時間約 20 分鐘。
	小計	190	570	4.蒸熟火力 中大 火。
二、餡	豬肉	20	48	5. 產品重總量 依實際來秤重量 公克
	香菇	5	12	6.製成率＝產品總重／原料總重×100%
	蘿蔔	45	108	＝＿＿＿／＿＿＿×100%
	水煮花生	10	24	＝ 要以實際所秤重量做計算 %
	蝦米	5	12	
	食鹽	1	2.4	
	味精	1	2.4	
	沙拉油	5	12	
	醬油	3	7.2	
	白胡椒粉	1	2.4	
	小計	96	230.4	
合計		286	800.4	

廣　告　回　函
台北郵局登記證
台北廣字第2780號

地址：　　　　縣/市　　　　　鄉/鎮/市/區　　　　　路/街

段　　　巷　　　弄　　　號　　　樓

三友圖書有限公司 收

SANYAU PUBLISHING CO., LTD.

10679 台北市安和路2段213號4樓

我購買了　中式米食保證班

❶個人資料

姓名＿＿＿＿＿生日＿＿＿年＿＿＿月　教育程度＿＿＿＿職業＿＿＿＿

電話＿＿＿＿＿＿＿＿＿＿＿＿　傳真＿＿＿＿＿＿＿＿＿＿＿＿

電子信箱＿＿＿＿＿＿＿＿＿＿＿＿

❷您想免費索取三友書訊嗎？□需要（請提供電子信箱帳號）　□不需要

❸您大約什麼時間購買本書？＿＿＿年＿＿＿月＿＿＿日

❹您從何處購買此書？＿＿＿＿縣市＿＿＿＿書店／量販店

□書展 □郵購 □網路 □其他

❺您從何處得知本書的出版？

□書店 □報紙 □雜誌 □書訊 □廣播 □電視 □網路 □親朋好友 □其他

❻您購買這本書的原因？（可複選）

□對主題有興趣 □生活上的需要 □工作上的需要 □出版社 □作者

□價格合理（如果不合理，您覺得合理價錢應＿＿＿＿＿）

□除了食譜以外，還有許多豐富有用的資訊

□版面編排 □拍照風格 □其他

❼您最常在什麼地方買書？

＿＿＿＿縣市＿＿＿＿書店／量販店

❽您希望我們未來出版何種主題的食譜書？

❾您經常購買哪類主題的食譜書？（可複選）

□中菜　□中式點心　□西點　□歐美料理（請說明）＿＿＿＿＿＿＿＿

□日本料理　□亞洲各國料理（請說明）＿＿＿＿＿＿＿＿

□飲料冰品　□醫療飲食　□養生飲食（請說明）＿＿＿＿＿＿＿＿

□飲食文化　□烹飪問答集　□其他

❿您最喜歡的食譜出版社？（可複選）

□橘子 □旗林 □二魚 □三采 □大境 □台視文化 □生活品味

□朱雀 □邦聯 □楊桃 □積木 □暢文 □耀昇 □膳書房 □其他

⓫您購買食譜書的考量因素有哪些？

□作者 □主題 □攝影 □出版社 □價格 □實用 □其他

⓬您還希望本社另外出版哪些書籍？

□食譜 □健康 □減肥 □美容 □飲食文化 □DIY書籍 □其他

⓭您認為本書尚需改進之處？以及您對我們的建議？＿＿＿＿＿＿＿＿

地址：　　　縣/市　　　鄉/鎮/市/區　　　路/街

段　　巷　　弄　　號　　樓

廣告回函
台北郵局登記證
台北廣字第2780號

三友圖書有限公司　收

SANYAU PUBLISHING CO., LTD.

10679 台北市安和路2段213號4樓

我購買了　中式米食保證班

❶**個人資料**

姓名 ______ 生日 ____ 年 ____ 月　教育程度 ______ 職業 ______

電話 ______　傳真 ______

電子信箱 ______

❷您想免費索取三友書訊嗎？□需要（請提供電子信箱帳號）　□不需要

❸您大約什麼時間購買本書？____ 年 ____ 月 ____ 日

❹您從何處購買此書？______ 縣市 ______ 書店／量販店

□書展 □郵購 □網路 □其他

❺**您從何處得知本書的出版**？

□書店 □報紙 □雜誌 □書訊 □廣播 □電視 □網路 □親朋好友 □其他

❻**您購買這本書的原因**？（**可複選**）

□對主題有興趣 □生活上的需要 □工作上的需要 □出版社 □作者

□價格合理（如果不合理，您覺得合理價錢應 ______）

□除了食譜以外，還有許多豐富有用的資訊

□版面編排 □拍照風格 □其他

❼**您最常在什麼地方買書**？

______ 縣市 ______ 書店／量販店

❽**您希望我們未來出版何種主題的食譜書**？

❾**您經常購買哪類主題的食譜書**？（**可複選**）

□中菜　□中式點心　□西點　□歐美料理（請說明）______

□日本料理　□亞洲各國料理（請說明）______

□飲料冰品　□醫療飲食　□養生飲食（請說明）______

□飲食文化　□烹飪問答集　□其他

❿**您最喜歡的食譜出版社**？（**可複選**）

□橘子 □旗林 □二魚 □三采 □大境 □台視文化 □生活品味

□朱雀 □邦聯 □楊桃 □積木 □暢文 □耀昇 □膳書房 □其他

⓫**您購買食譜書的考量因素有哪些**？

□作者 □主題 □攝影 □出版社 □價格 □實用 □其他

⓬**您還希望本社另外出版哪些書籍**？

□食譜 □健康 □減肥 □美容 □飲食文化 □DIY書籍 □其他

⓭**您認為本書尚需改進之處**？**以及您對我們的建議**？ ______

中式米食保證班

作者／黃皇博
發行人／程安琪
總策劃／程顯灝
總編輯／陳惠雲
主編／李燕瓊
美編／沈國英
封面設計／洪瑞伯
出版者／橘子文化事業有限公司
總代理／三友圖書有限公司
地址／106台北市安和路2段213號4樓
電話／(02) 2377-4155
傳真／(02) 2377-4355
E-mail／service@sanyau.com.tw
郵政劃撥／05844889 三友圖書有限公司

總經銷／貿騰發賣股份有限公司
地址／台北縣中和市中正路880號14樓
電話／(02) 8227-5988
傳真／(02) 8227-5989

總代理
新加坡／諾文文化事業私人有限公司
地址／Novum Organum Publishing House (Pte) Ltd.
20 Old Toh Tuck Road, Singapore 597655.
電話／65-6462-6141
傳真／65-6469-4043

馬來西亞／諾文文化事業私人有限公司
地址／Novum Organum Publishing House (M) Sdn. Bhd.
No. 8, Jalan 7/118B, Desa Tun Razak, 56000 Kuala Lumpur, Malaysia
電話／603-9179-6333
傳真／603-9179-6060

初版／2007年6月
定價／新臺幣450元
ISBN-13／978-986-6890-01-7（平裝）

版權所有・翻印必究

書若有破損缺頁請寄回本社更換

國家圖書館出版品預行編目資料

中式米食保證班／黃皇博著。—再版—
台北市：橘子文化，2006〔民95〕
面： 公分
ISBN 978-986-6890-01-7（平裝）
1.飯粥 2.食譜 3.烹飪
427.35 95021739